滚雪球学 Python

王德朕 著

電子工業出版社
Publishing House of Electronics Industry
北京•BEIJING

内 容 简 介

本书用滚雪球的思维讲解 Python 的知识体系。

本书共 31 章，分为 3 个部分。

第 1 部分为基础篇，包括第 1~15 章，介绍 Python 语言核心知识点。

第 2 部分为进阶篇，包括第 16~28 章，是进阶内容，也是 Python 语言的魅力点所在。通过对这部分内容的学习，读者会全方位地感受到 Python 的灵活、迅捷、禅意。

第 3 部分为实战篇，包括第 29~31 章，通过 3 个实战案例，介绍 Python 的数据处理能力，以及 Python 在网站方面的应用。

本书适合大中专在校学生、互联网从业人员，以及想进入互联网行业的人员阅读，也可用作培训机构教材或自学资料。

图书在版编目（CIP）数据

滚雪球学 Python / 王德朕著. —北京：电子工业出版社，2023.5

ISBN 978-7-121-45484-4

Ⅰ. ①滚… Ⅱ. ①王… Ⅲ. ①软件工具—程序设计 Ⅳ. ①TP311.561

中国国家版本馆 CIP 数据核字（2023）第 072658 号

责任编辑：张　晶

印　　刷：三河市双峰印刷装订有限公司

装　　订：三河市双峰印刷装订有限公司

出版发行：电子工业出版社

　　　　　北京市海淀区万寿路 173 信箱　　邮编：100036

开　　本：787×980　1/16　印张：16.75　字数：348 千字

版　　次：2023 年 5 月第 1 版

印　　次：2023 年 5 月第 1 次印刷

定　　价：88.00 元

凡所购买电子工业出版社图书有缺损问题，请向购买书店调换。若书店售缺，请与本社发行部联系，联系及邮购电话：（010）88254888，88258888。

质量投诉请发邮件至 zlts@phei.com.cn，盗版侵权举报请发邮件至 dbqq@phei.com.cn。

本书咨询联系方式：（010）51260888-819，faq@phei.com.cn。

前　言

正如本书的书名《滚雪球学 Python》一样，笔者希望大家用滚雪球的思维学习 Python：第 1 遍浏览 Python 核心内容；第 2 遍补齐周边知识；第 3 遍夯实；第 4 遍拔高。每一遍滚雪球式的学习，都能丰富自己的知识。

Python 是一种动态类型的高级编程语言，具有丰富的库和框架，能帮助开发者快速构建应用程序。它还具有较好的社区支持，被广泛应用于众多领域，包括网络服务、数据处理、科学计算和人工智能等。

Python 语言的特点是语法简洁和易读，代码易于编写、维护和理解。它还支持多种编程范式，包括面向对象、函数式和过程式编程。此外，Python 支持动态数据类型和自动内存管理，使得开发者能够更加专注于实际的应用逻辑，而无须过多地关注底层细节。

正因为这样，如果让大家选择一门编程语言，笔者一定会推荐 Python。

一、本书编写原则

1. 严格筛选知识点

本书专为初学者编写。笔者精心选择了初学者应首先掌握的知识点，帮助读者快速了解 Python 语言的体系。

2. 易读

本书非常容易阅读，不会让读者感到枯燥。笔者希望读者能够无障碍地阅读本书，真正掌握 Python 语言的基础知识，并由浅入深地吸收 Python 语言的所有精华。

3. 知识面广

本书旨在帮助读者快速了解 Python 语言，因此笔者在本书中融入了大量的细节内容，希望读者在阅读完本书后能够流利地讲述 Python 语言的体系。

二、本书读者

本书读者对象分为如下几类。

1. 对于大中专在校学生，可以将本书作为学校教材的补充读物，让学习 Python 变得有趣。
2. 对于已经掌握其他语言的从业人员，本书可以帮助你快速掌握 Python。
3. 本书也适合用作培训机构教材或自学资料。
4. 对于其他行业的从业人员，如果想无门槛地进入 Python 世界，推荐你将本书作为“敲门砖”。

三、本书阅读建议

学习编程最简单、最高效的方式就是“看别人的代码”“临摹别人的代码”“自己写代码”，所以在阅读本书时，一定要在手边放置一台计算机，用于实践。

在阅读过程中，如果发现任何问题或者不确定的技术点，都可以在 CSDN 平台检索“梦想橡皮擦”直接私信咨询，或者加入“78 技术人”社群进行学习。

在编程学习的道路上，要永远相信：一个人或许走得很快，但一群人能走得更远。

四、本书内容

本书共 31 章，分为 3 个部分。

第 1 部分为基础篇，包括第 1~15 章，介绍 Python 语言最核心的知识点。任何学习者都要从这里开始。

第 2 部分为进阶篇，包括第 16~28 章，是进阶内容，也是 Python 语言的魅力点所在。通过对这部分内容的学习，读者会全方位地感受到 Python 的灵活、迅捷、禅意。

第 3 部分为实战篇，包括第 29~31 章，是实战内容。通过 3 个实战案例，介绍 Python 的数据处理能力，以及 Python 在网站方面的应用。

五、致谢

本书的完成离不开家人和朋友的帮助。

首先感谢擦姐，是她将滚雪球学习概念与“梦想橡皮擦”账号推到今天的高度，并在生活中全面地照顾家庭，让笔者有时间专注于写作。

感谢电子工业出版社编辑张晶、徐津平、梁卫红在出版过程中给笔者提供的建议和帮助，是你们的专业，让本书能够顺利与读者见面。

感谢为本书写推荐语的 CSDN 运营负责人路敏老师，感谢橡皮擦好友杨秀璋、1_bit、小傅哥，你们的推荐让本书赢在起点。

感谢 CSDN 平台的正反馈，正是因为有网友的支持，笔者才能坚持走在知识输出的道路上。

王德朕

目　录

第1部分　基础篇

第 2 部分　进阶篇

第 3 部分 实战篇

第1部分　基础篇

1 Python正确起手式

1.1　滚雪球学 Python 课程前置导语

“恭喜你发现宝藏”，这是我对本书的第一个自评。本书能帮你认识 Python、学会 Python，并真正地应用 Python。当你用 2 周的时间阅读完本书之后，你会感谢自己的选择。

既然能买到本书，那你或多或少已经了解了 Python 语言，此时你可能有如下一些疑问。

◎　Python 到底是一门怎样的语言？

◎　学习 Python 是否容易就业？

◎　Python 语言的学习成本高不高？

◎　Python 到底可以做什么？

在本书中，笔者将逐步为你解答这些疑问，最终帮你认识到 Python 的价值。

为何本书命名为滚雪球学 Python？就是希望大家通过一遍遍的学习，由易入难，由简入繁，每一轮的学习都能为你装备编程武器库，在不知不觉中发现 Python 语言的妙处。

1.2　Python 语言简介

Python 是一种编程语言，跟 Java、C#、C++、C 等编程语言无太大区别。任何编程语言都有优点，也存在不足，所以一切讨论编程语言优劣的文章和言论都缺乏立足点，在具体的场景下使用正确的编程语言、编程方法，去解决用户诉求，所选的语言就是最佳的。

Python 属于解释型语言，或者叫作直译型语言，其特点就是通过一个直译器将程序一行行地执行。目前，Python 的直译器是 CPython，它是用 C 语言编写的，效率不错。这里建议初学者不要去探究编译器原理，否则很容易陷入枯燥的计算机基础知识中，从而失去对语言本身的兴趣，被挡在编程语言的门外。

那什么是编译式的语言？答案是 Java、C#，它们会将语言转换成机器码后再执行。不过，这些技能的优先级不高，建议先入门 Python 再说。

Python 语言是开放源码的（开源的），世界上任何人都可以给它贡献代码，也可以给它扩展模块，这些都是免费的。

1.2.1 Python 作者

Python 的作者是 Guido van Rossum，他在 1989 年为了打发时间而设计出了 Python 语言。因为 Guido 喜欢的一个马戏团叫作 Monty Python’s Flying Circus，所以取了 Python 这个名字，跟大家喜欢用蟒蛇表示 Python 没有关系。

1.2.2 Python 语言发展简介

Python 语言的发展历程如下。

◎ 1989 年 Guido van Rossum 发明 Python 语言。

◎ 1991 年 Python 正式发布。

◎ 2000 年 Python 2.0 发布。

◎ 2008 年 Python 3.0 发布。

现在，你应该学习 Python 3.x 版本，不要去理会 2.x 版本，既然决定学习 Python 了，就应该学习当下最主流的版本。

1.2.3 Python 语言的前景

Python 语言的前景必须介绍给大家，我相信你也是看到了 Python 语言的价值，才决定学习它的。

Python 语言是最近流行起来的，作为一门语言，没有不能应用的领域，无非是好用与难用、适合与不适合的问题。

学会 Python，找工作是没有任何问题的，而且更多时候，你学会一门编程语言，其他语言学习起来也比较简单，各种编程语言就像一个大家族，写法和用法都差不多。

对于 Python 的前景，不能因为本书是讲 Python 的，就一通夸赞，什么都是好的。真实情况是，在国内，Python 远远没有 Java 市场大，也没有前端市场大，勉强和 PHP 语言市场掰掰手腕。Python 的落地应用场景不少，但是 Python 能做的，其他语言做得也不错，如 Java 在大数据、人工智能领域也是很强的。

Python 是跨平台的，在 Linux 和 macOS 上开发起来非常便捷（其他语言也一样）。本书所讲内容都是基于 Windows 平台的，这一点需要特别注意。

1.3 Python 环境安装

1.3.1 Python 3.7.x 安装

很多人问过笔者，学习编程最难的是什么？笔者认为是环境安装、开发工具的安装。很多时候，第一步“安装”就会挡住很多人，因此在学习之初，内容越简单、越直接越好，步骤越少越好。

另外，在学习 Python 时，千万不要选择最新的版本，因为当你碰到问题（Bug）时，搜索答案非常难，因此笔者建议你在学习阶段选择 3.6.x 或 3.7.x 相关版本即可。

打开官方提供的下载地址，网站是全英文的，不要慌，都是简单的单词，阅读起来比较容易。

下载环境软件时也不要着急，应先找到正确的下载链接，如图 1-1 所示，看到 Windows x86-64 executable installer 再下载。安装 Python 作为你编程之路的起点，尽量不在别人帮助的情况下，找到正确的下载链接，并能在下载软件之后成功安装和配置 Python 环境。

Files

Version	Operating System	Description	MD5 Sum	File Size	GPG
Gzipped source tarball	Source release		bcd9f22cf531efc6f06ca6b9b2919bd4	23277790	SIG
XZ compressed source tarball	Source release		389d3ed26b4d97c741d9e5423da1f43b	17389636	SIG
macOS 64-bit installer	macOS	for OS X 10.9 and later	4b544fc0ac8c3cffdb67dede23ddb79e	29305353	SIG
Windows help file	Windows		1094c8d9438ad1adc263ca57ceb3b927	8186795	SIG
Windows x86-64 embeddable zip file	Windows	for AMD64/EM64T/x64	60f77740b30030b22699dbd14883a4a3	7502379	SIG
Windows x86-64 executable installer	Windows	for AMD64/EM64T/x64	7083fed513c3c9a4ea655211df9ade27	26940592	SIG
Windows x86-64 web-based installer	Windows	for AMD64/EM64T/x64	da0b17ae84d6579f8df3eb24927fd825	1348904	SIG
Windows x86 embeddable zip file	Windows		97c6558d479dc53bf448580b66ad7c1e	6659999	SIG
Windows x86 executable installer	Windows		1e6d31c98c68c723541f0821b3c15d52	25875560	SIG
Windows x86 web-based installer	Windows		22f68f09e533c4940fc006e035f08aa2	1319904	SIG

图 1-1

这里留下一个小挑战，作为一个想要学习 Python 的新人，把 Python 安装到本地是一个最小的门槛，安装时各参数项保持默认状态（默认设置）即可。安装完毕之后，在“开始”菜单中应该能看到如图 1-2 所示的目录（注：在 Python 安装过程中，要勾选“添加环境变量”复选框）。

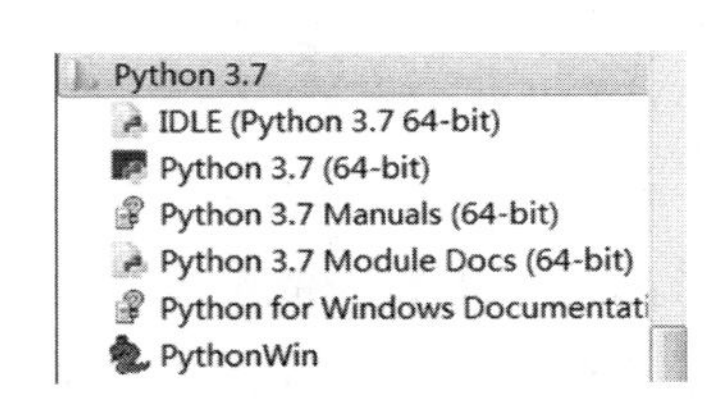

图 1-2

至此，Python 环境已经安装完毕，本书在接下来的讲解中会假设你已经掌握了计算机基本的操作，如创建文件/文件夹、复制/粘贴文件等，并且知道文件名或者文件后缀名等基本概念。如果这些还没有掌握，建议你先学习计算机的基本知识，然后再学习编程。

如图 1-2 所示，点击 IDLE 选项即可打开 Python Shell 界面进行 Python 代码的编写。如果你直接就这样开始上手学习，那大概率又会倒在 Python 门外。因为直接从 IDLE 开始，后续的学习太枯燥无味了。谁说学习 Python 必须从 Python Shell 开始？

1.3.2 PyCharm 安装

学习 Python 开发，开始就要使用一款功能齐全的代码编辑器，这样才能事半功倍。这里给大家推荐的代码编辑器是 PyCharm，其亮点是有免费版，学习阶段使用 Community 版本即可。

PyCharm 的下载地址为 https://www.jetbrains.com/pycharm/download/#section=windows（如图 1-3 所示），该软件大小不足 300MB。该软件的安装依旧希望你自己完成，重要的步骤参照图 1-4 即可。

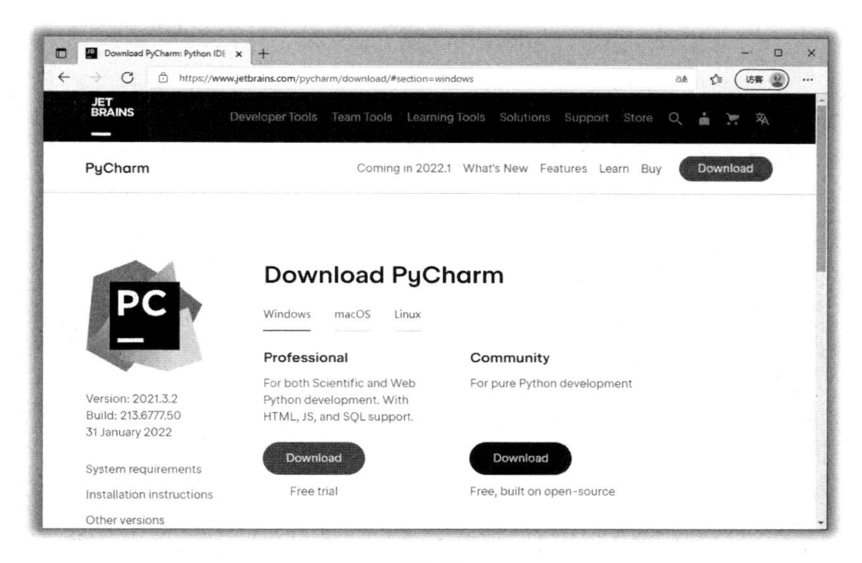

图 1-3

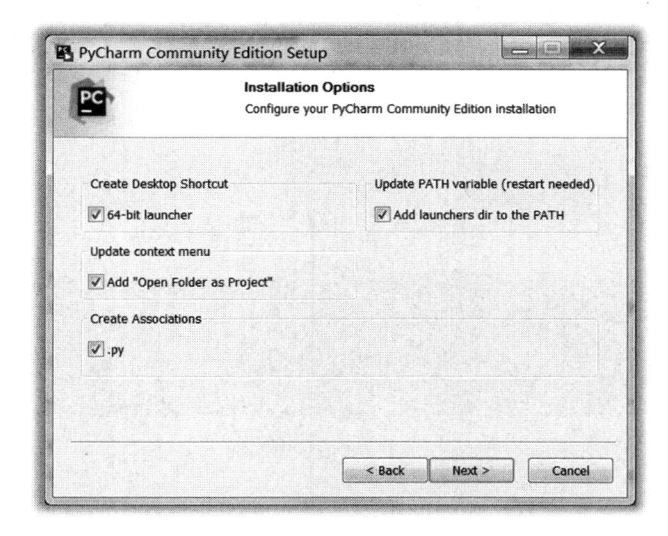

图 1-4

第一次启动 PyCharm 时，需要选一个配色方案。开发者一般喜欢黑色背景的编辑器，看着不容易累（注：由于书籍印刷的原因，本书的截图尽量采用浅色背景）。

启动之后，编辑器会提示你创建一个新的项目，之后的界面如图 1-5 所示。默认情况下，PyCharm 会与你刚刚安装的 Python 环境相匹配，并自动创建一个虚拟环境，其他参数项保持默认状态即可。

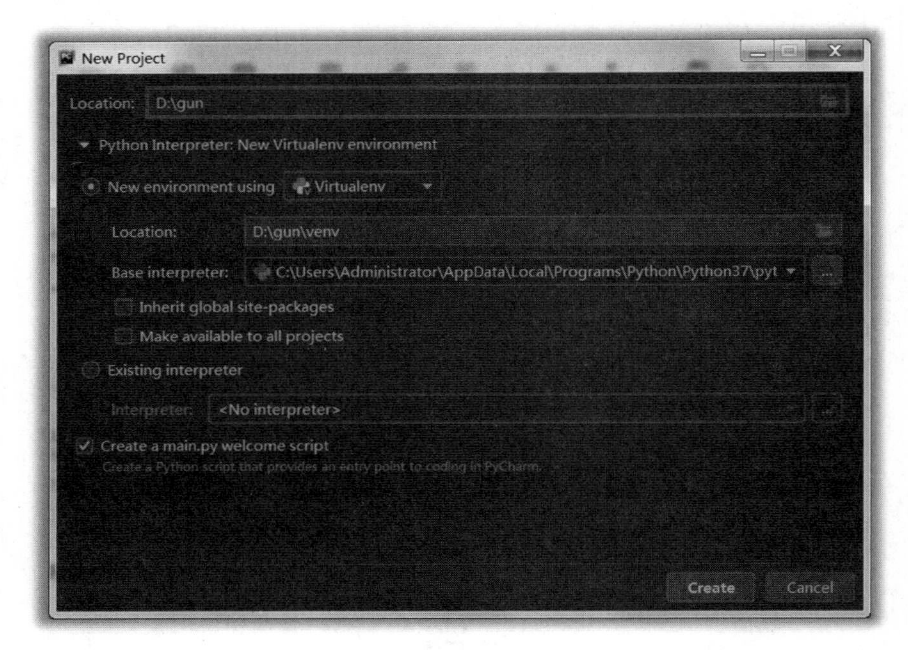

图 1-5

Location 表示目录，选择一个本地任意目录即可。

当屏幕出现如图 1-6 所示的状态时，等待加载完毕即可。

图 1-6

完成所有初始化操作后，最终结果如图 1-7 所示。如果你得到的结果与图 1-7 一致，那可以给自己点个赞，学习编程的第一步，你已经完成了。

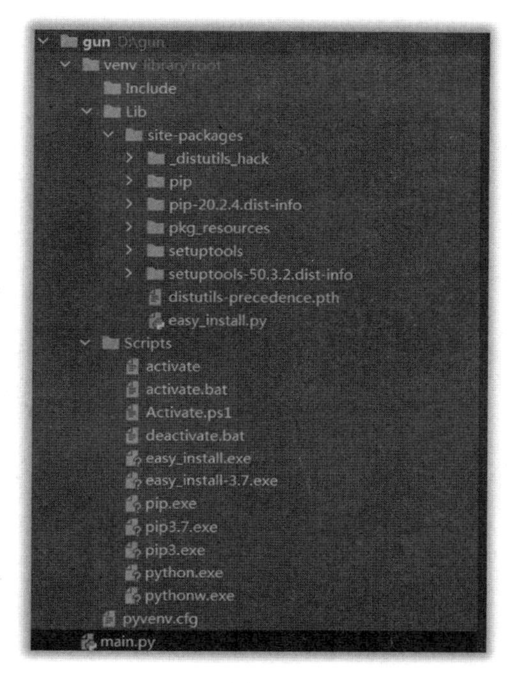

图 1-7

在编辑器的右侧还会生成一个代码文件，就是图 1-7 所示的最下面的文件 main.py（注：Python 文件的后缀名一般为 .py ）。接下来，在右侧代码窗口的空白处右击，选择 Run 选项，如图 1-8 所示。

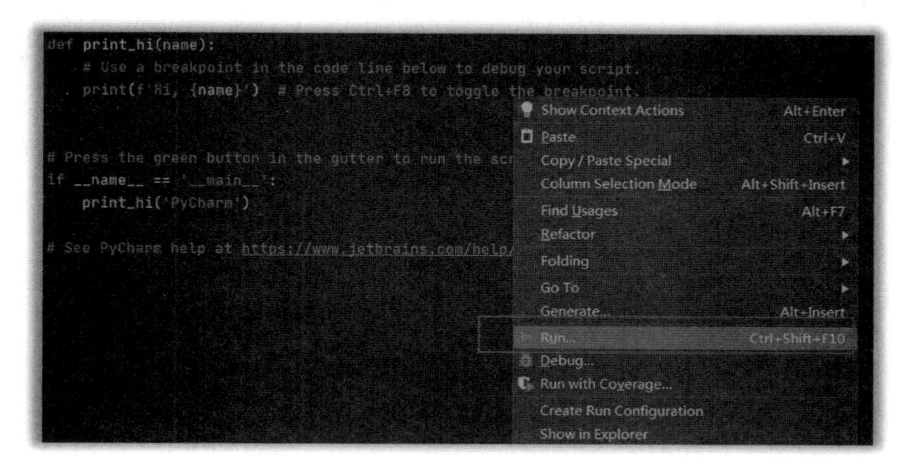

图 1-8

当底部出现 Hi PyCharm 时，恭喜你，所有的安装任务已经完成了，如图 1-9 所示。

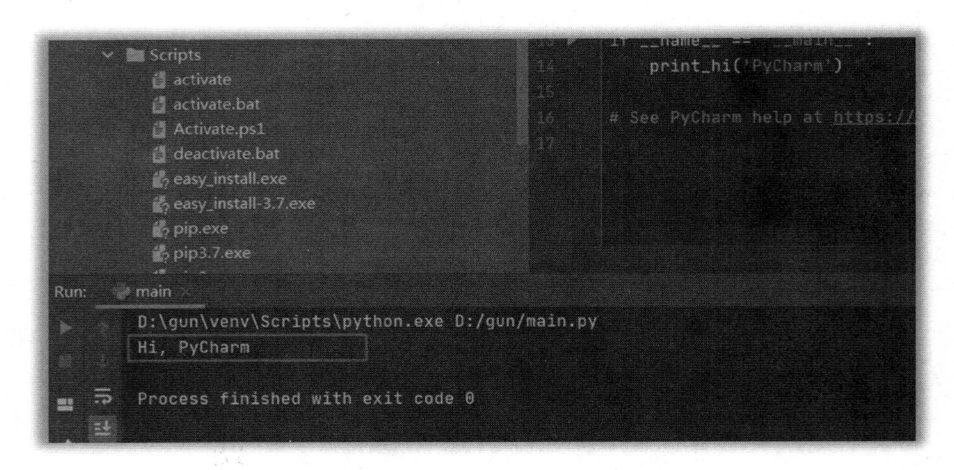

图 1-9

安装 Python 环境与开发工具虽然简单，但是很重要，能完成操作就表示拿到了一张门票，剩下的就是学习技术了。

在左侧目录上右击，选择 New→Python File 选项即可创建文件，如图 1-10 所示。

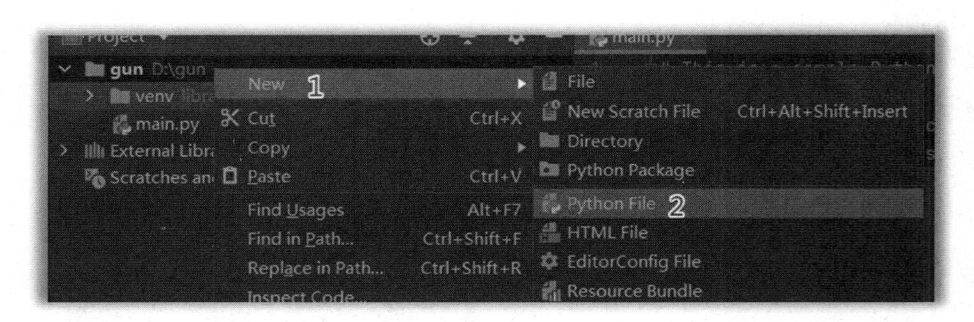

图 1-10

1.4 学语言先学注释

开发者最怕的是什么，就是给程序写注释，比写注释更可怕的是别人的代码不写注释。多么有趣的逻辑。

如果想提高程序的可读性，是离不开程序注释的。在公司里，一个程序、一个项目、一个产品包含成千上万个代码块，如果不写注释，你会成为被团队声讨的对象。

1.4.1 注释符号

在 Python 中，使用#符号表示单行注释，也就是说#符号后面的内容会被 Python 解释器（直译器）忽略，不予运行。

例如，在一个 Python 项目自动生成的代码中，包含了很多单行注释：

```
# This is a sample Python script.

# Press Shift+F10 to execute it or replace it with your code.
# Press Double Shift to search everywhere for classes, files, tool windows,
actions, and settings.


def print_hi(name):
    # Use a breakpoint in the code line below to debug your script.
print(f'Hi, {name}')  # Press Ctrl+F8 to toggle the breakpoint.


# Press the green button in the gutter to run the script.
if __name__ == '__main__':
print_hi('PyCharm')

# See PyCharm help at https://www.jetbrains.com/help/pycharm/
```

注释符号#可以放在代码上面，也可以放在代码右侧，例如：

```
# 我是一行注释
print("hello world")  # 我也是一行注释
```

1.4.2 多行注释

如果想要写多行注释，可以在每行中都用一个#符号，也可以使用 3 个双引号“"""”实现，例如：

```
"""
我是一大段注释
我可以有多行
都是注释
```

```
注意是英文的引号
"""
print("梦想橡皮擦")
```

对于 Python 语言，使用 3 个单引号“'''”效果也是一样的：

```
'''
我是一大段注释
我可以有多行
都是注释
注意我是单引号
'''
print("梦想橡皮擦")
```

关于三引号的使用，在后续讲解字符串时还会出现，此处理解为多行注释即可。

1.5 认识变量

学习起任何语言都需要从变量开始。最早接触“变量”一词应是在初中的数学课上。在程序中，“变量”可以简单地理解为存储数据的一个容器。

新建一个文件，名字随意（起步阶段，以认知为主，能把代码运行起来、看到效果才是最主要的）。

例如，我今年 18 岁了。在 Python 中可以声明一个变量 age，让其等于 18 即可。

```
age = 18
```

如果再加上小红 20 岁了，在程序中再新增一个变量 xiaohong_age，让其等于 20 即可。

```
age = 18
xiaohong_age = 20
```

这时可以配合上注释，让代码显得更加清晰。

```
# 我的年纪
age = 18
# 小红的年纪
xiahong_age = 20
```

这样，当写完这段代码很久以后，我们通过注释，能快速地知道每个变量在当时表示的是什么意思，避免出现以下段子场景。

“当初写这段代码的时候，只有我和上帝知道是什么意思，现在，只有上帝知道了！”

Python 变量和其他语言略有不同，其他语言在使用变量时，需要提前声明变量的数据类型，Python 不需要设定，它会依据等号右侧的值自动判断变量类型，该特点可以极大地提高代码编写速度，后面你将体验到。

1.5.1 变量命名规则

变量命名在任何语言中都有规则，在 Python 中也不例外，其命名规则为：

- ◎ 必须由英文字母、_（下画线）或中文汉字（一般不用）开头，尽量使用英文字母。
- ◎ 变量名只能由英文字母、数字、_（下画线）或中文构成。
- ◎ 英文字母大小写敏感，Age 与 age 是不同的变量名称。
- ◎ Python 内置的系统保留字和内置函数不能当作变量名称。

一定要注意，尽管使用中文作为变量没有什么问题，但请尽量不用。

```
姓名 = 123
print(姓名)
```

对于系统保留字和 Python 内置函数，通过搜索引擎很容易查找到，也可以复制下列代码到任意 Python 文件中，运行后查看输出结果。

```
import keyword
print(keyword.kwlist)
```

输出结果为

```
['False', 'None', 'True', 'and', 'as', 'assert', 'async', 'await', 'break',
'class', 'continue', 'def', 'del', 'elif', 'else', 'except', 'finally', 'for
', 'from', 'global', 'if', 'import', 'in', 'is', 'lambda', 'nonlocal', 'no
t', 'or', 'pass', 'raise', 'return', 'try', 'while', 'with', 'yield']
```

Python 内置函数后续也会学习到，这里不再罗列。使用内置函数作为变量名称，程序不会报错，但是会导致原内置函数的功能丧失，所以不建议使用。

1.5.2 不合规变量名举例

这里列举一些不合规的变量名：

- ◎ a,1 含有不允许的特殊符号。

- ◎ 1a 是数字开头。
- ◎ False 为保留字。
- ◎ hex 为内置函数名。

变量命名规则不用刻意记忆，随着编程经验的增加，会逐渐熟悉，只需遵循一个准则：变量名要尽量有真实的含义。例如，年纪用 age 命名，而不要直接声明用 x 表示年龄。变量命名做到见名知意即可。

1.6 打印输出函数 print()

学习 Python 时接触的第一个函数是 print()，该函数可以将内容在控制台输出，例如下列代码：

```
print("hello world") # 输出一个字符串
print(1+1)  # 输出 1+1 结果

name = "橡皮擦"
print(name) # 输出变量值
```

后续将学习更多有关 print()的知识，这里只学习输出功能即可（注：代码运行后才会输出）。

1.7 数学运算及优先级问题

Python 支持基本四则运算，以及取余和次方运算。四则运算在 Python 中对应的符号分别是+、-、*、/，取余也叫取模，对应的符号是%，次方运算对应的符号为**（两个星号）。

例如下列代码：

```
# 加法
a = 1+1
# 减法
b = 1-1
# 乘法
c = 2*5
# 除法
d = 4/2

# 取余
e = 5%2
```

```
# 次方运算
f = 2**3

# print()可以输出多个变量，变量之间用逗号分隔即可
print(a,b,c,d,e,f)
```

除法与取余在编码中属于非常重要的部分，你可以多尝试几组数字，找找感觉。

上面代码的运行结果如下。除此之外，你是否发现了 print()函数可以一次性输出多个值这一用法呢？

```
2 0 10 2.0 2.5 8
```

涉及数学运算，就必须考虑符号的优先级，不过所有的优先级都可以依赖小括号()解决，如果没有括号，则按照次方、乘法/除法/取余/求整除、加法/减法的顺序依次执行，与数学中的计算优先级一致。

1.8 赋值运算符

至此，你或许已经发现一个符号经常出现，就是=。注意，该符号在 Python 中叫作赋值运算符（其实大多数语言也这么称呼），它不是等号。在编码语言中，两个赋值运算符==表示等于，而一个单独的=表示赋值。例如 x=1，表示把数字 1 赋值给变量 x。

赋值运算符可以和算术运算符联合使用，组合出+=、-=、*=等多样的赋值运算符，例如：

```
a = 1
a += 2
print(a)
```

你可以多尝试几种代码组合，并查看它们的运行结果。

在 Python 代码编写中，可以一次给多个变量赋值，例如：

```
x = y = z = 10086
```

该代码表示给 x、y、z 同时赋值了数字 10086。

实战中也可以分别给 x、y、z 赋值，例如：

```
x,y,z = 1,2,3
```

注意，左侧变量数量和右侧值的数量要保持一致。

2

无门槛掌握数据类型与输入/输出函数

2.1 基本数据类型

任何一门语言都存在一些内置的基本数据类型，Python 也不例外，只不过 Python 中的数据类型要比其他语言少一些。在初学阶段，掌握以下 3 种数据类型即可（Python 中还有其他数据类型，因为我们的学习方式是滚雪球式的，所以在初学阶段不需要接触太多）。

◎ 数值数据类型，常见的是整数（如 1）和浮点数（如 1.23）。

◎ 布尔值数据类型，就是常说的真（True）和假（False）。

◎ 字符串数据类型。

在后续的学习过程中，我们提及的数据类型，特指的是变量的数据类型。接下来，我们先学习如何检查 Python 中变量的数据类型，这样才能对数据类型有更清晰的认识。

Python 中检查数据类型的函数是 type()。见名知意，这里必须强调一下，以后我们在编写代码中定义变量名时，要多参考官方命名技巧。

例如，定义一个值为 10 的变量 x，并获取其数据类型。

```
x = 10
print(type(x))
```

输出结果为

```
<class 'int'>
```

该输出结果表示变量 x 的数据类型是整数，你可以用同样的办法测试一个小数。例如：

```
x = 10.1
print(type(x))
```

输出结果为

```
<class 'float'>
```

没错，这个是浮点数。

2.1.1 数值数据类型

前面你已经接触了 Python 中的两种数值数据类型，一个叫作整数，一个叫作浮点数，对应数学知识，它们的区别就是一个带小数点，一个不带小数点。随着学习编程的深入，你会逐渐发现数学与编程之间存在大量的共通性。

如果整数和浮点数相加，最终的结果是浮点数，Python 会自动进行转换。例如：

```
x = 10.1
y = 10
z = x + y
print(type(z))
```

运行下列代码，可以核对 z 的数据类型是否是 float，即浮点数：

```
<class 'float'>
```

2.1.2 整数的不同形式表示

对于编程语言学习者来说，你一定听说过计算机处理的数据都是二进制的，正是因为二进制的存在，所以很多人会误认为编程语言学起来特别难。但下面这一句话很少有人提到：学习编程语言跟二进制确实存在关系，但跟我们学会一门赚钱的技术没太大关系。

或者说得再直接一些，如果你的目标是在北京拿 10000 元的月薪，各种进制转换的原理你可能都不会用到。

但作为初学者，还是有必要了解在 Python 中如何进行简单的进制转换。

将整数显示成二进制格式

我们稍后还会将整数显示成八进制与十六进制格式，这里处理的都是整数，也就是 1、2、

3、4 这种不带小数点的数，先不考虑浮点数转换。

这里用到一个知识点，即 Python 内置函数，将整数转换成二进制格式显示用到的内置函数为 bin()。例如，下列代码：

```
x = 10
print(bin(x))
```

输出结果为

```
0b1010
```

二进制整数以 0b 开头，后面都是 1、0 排列，如果你看到 Python 代码中出现了这样的整数，要清楚这就是一个普通的数字，只是 Python 将其以二进制格式进行了显示。

将整数显示成八进制格式

将整数转换成八进制格式用到的内置函数是 oct()，具体代码可自行尝试，八进制格式显示的整数以 0o 开头。

将整数显示成十六进制格式

十六进制格式整数以 0x 开头，转换所用的内置函数为 hex()。

至此，你已经对整数和其不同显示形式有了初步的认知，但这些都不是最重要的，真正的重点是在你学习了进制转换之后，如果看到 Python 代码中出现以上述符号开头的内容，你能够快速判断它是一个普通的整数，了解这一点就够了。

2.1.3 数据类型强制转换

前面所展示的只是 Python 数据类型转换的冰山一角，学习它们也是因为我们已经掌握了整数和浮点数的定义与使用，并且对它们的区别有了一些认识。其实整数和浮点数之间还可以进行相互转换，只不过转换要承担一些风险。例如：

```
x = 10.5
print(int(x))
```

上面的代码将浮点数进行了类型强制转换，注意在 x 前面套了一个 int()函数的壳。函数相关的知识在后面才会学习，现在你能模仿编写代码，看懂代码逻辑就可以了。

在变量 x 外面套了一个 int()函数，然后运行，输出的结果是 10。风险出现了，浮点数转换成整数，小数点后的数字丢掉了……这里的数字是真正丢掉了，这种场景在后续编程中会经常碰到。

int()函数也是 Python 的一个内置函数，它会尝试将任何数据类型的变量转换成整数。在我们学习了更多的数据类型与函数参数之后，你会对任何数据类型的变量有更加清晰的理解。

同理，你如果能猜到将任何数据类型的变量转换成浮点数的函数名为 float()，证明你已经开始慢慢摸到 Python 这门语言的精髓了。

好，到现在，又学习了两个内置函数，一个 int()函数，一个 float()函数。请打开计算机，练习代码的编写，之所以这样做是因为在编程学习过程中有一个有趣的现象，就是眼睛觉得看会了，但上手编写代码不一定会。

2.1.4 扩展几个数值数据类型常用的函数

虽然学习的内容不多，但你现在应该注意到了一个词：函数。“函数”二字在 Python 中出现的频率极高。

关于数值数据类型常用的函数，这里简单举几个例子，后面还会详细学习。

◎ **abs()**：计算绝对值。
◎ **pow()**：次方运算。
◎ **round()**：四舍五入。
◎ **max()**：取最大值。
◎ **min()**：取最小值。

函数的代码如下所示，学习阶段临摹两遍下面的代码，读懂逻辑即可。下面的代码涉及了函数中参数的概念，在“9 函数是 Python 基础部分的第一道难关”中会对此重点讲解。

```
# abs() 计算绝对值
a = -1
print(abs(a))

# pow() 次方运算
x = 2
c = 3
```

```
print(pow(x,c))

# round() 四舍五入
d = 34.6
print(round(d))

# max()  取最大值
print(max(1,2,3))

# min() 取最小值
print(min(9,10,6))
```

2.1.5 布尔值数据类型

布尔来自英文 boolean 的音译，Python 有两种布尔值，一个是真（True），另外一个就是假（False），使用 type()函数测试布尔值数据类型得到的是 bool。

注意，布尔值在有些地方也会归为整数，因为真（True）被强制转换之后等于 1，假（False）被强制转换之后等于 0。

你可以进行测试，例如下列代码：

```
x = True
print(int(x))
print(int(False))
```

布尔值以后会经常用在条件表达式上，属于必须掌握的知识点，在本书后面的章节还会碰到它。

2.1.6 字符串数据类型

字符串是 Python 中使用场景最多的数据类型，也是知识点最多的数据类型。一般情况下，使用两个双引号（"）或者两个单引号（'）进行包裹的就是字符串，在使用时一定要注意嵌套现象。例如下列代码（注意观察单引号和双引号）：

```
my_name = "梦想橡皮擦"
print(my_name)
my_name = '梦想橡皮擦'
print(my_name)
my_name = '梦想"橡皮擦'
```

```
print(my_name)
print(type(my_name))
```

由于字符串需要用引号包裹，所以会存在单引号和双引号互相嵌套的情况，在实战时一定要注意嵌套关系：如果外层使用的是双引号，内层就要使用单引号，如“"梦想'橡皮擦"”；反之，如果外层使用单引号，内层就要使用双引号。

字符串的连接

两个字符串通过+可以进行连接，这里的加号就不是数字之间加法的含义了。例如：

```
a = "my"
b = "name"
c = a+b
print(c)
```

数字与字符串相加，会提示错误，如不想报错，可以通过 str()函数将数字转换成字符串。例如：

```
a = 123
b = "name"
# str(a) 将整数变量 a 转换成字符串
c = str(a) + b
print(c)
```

多行字符串

在前面已经讲过三引号可用于注释，其实三引号真正的用途依旧是字符串场景，表示多行字符串。例如：

```
my_str = """
我是字符串的第一行
我是字符串的第二行
我是梦想橡皮擦
我还是曾经那个少年
"""
print(my_str)
```

转义（逸出）字符

在字符串中有一些特殊的字符，需要特别处理，例如下面的场景，我们想在单引号中使用单引号，那么就需要用如下格式编写代码：

```
a = 'I\'m a girl '
print(a)
```

注意，使用 \' 之后就可以在单引号字符串中使用单引号了，\' 就是转义字符。

常见的转义字符如表 2-1 所示。

表 2-1

转义字符	含　义
\'	单引号
\"	双引号
\t	制表符
\n	换行
\\	反斜杠

还有其他转义字符，初学阶段不做展开。以上几个转义字符在代码中尝试两遍，这部分的学习依旧是通过代码编写增强记忆。

有些时候，你需要避免转义字符进行转义，为此需要在整体字符串前增加一个特殊的字母 r（字符串前面可增加的特殊字符有很多，本章只学习这一个）。例如下列代码：

```
a = r"I\nm a girl"
print(a)
```

此时\n 不会转义成换行符，输出内容就是字符串原有的样子。

```
I\nm a girl
```

使用 PyCharm 工具，你能很清楚地认出转义字符，因为它们在颜色上有区分，如图 2-1 所示。

```
a = r"I\nm a girl"

b = "I\nm a girl"
```

图 2-1

字符串快速复制

Python 有一个独特的小技巧，可以快速复制字符串，使用的是数学符号*。例如下列代码，将快速复制一堆#符号：

```
print("#"*100)
输出内容如下所示
###########################################################################
#########################
```

2.2 输入与输出

本节主要学习两个函数，一个是 print()，另一个是 input()。在学习它们之前，需要了解一个内置函数 help()，该函数可以查看其他函数的使用文档。

例如，使用 print()函数进行测试：

```
help(print)
```

输出结果如图 2-2 所示。

```
Help on built-in function print in module builtins:

print(...)
    print(value, ..., sep=' ', end='\n', file=sys.stdout, flush=False)

    Prints the values to a stream, or to sys.stdout by default.
    Optional keyword arguments:
    file:  a file-like object (stream); defaults to the current sys.stdout.
    sep:   string inserted between values, default a space.
    end:   string appended after the last value, default a newline.
    flush: whether to forcibly flush the stream.
```

图 2-2

图 2-2 所示输出结果中就包含了 print()函数的完整说明，最重要的部分为

```
print(value, …, sep=' ', end='\n', file=sys.stdout, flush=False)
```

其中：

- ◎ value 表示要输出的数据，可以有多个，用逗号分隔。
- ◎ sep 表示输出多个数据时的分隔符号，默认是空格。
- ◎ end 表示本行末尾输出的符号。
- ◎ file 表示输出位置，默认输出到控制台，也可以设置到具体文件。
- ◎ flush 表示是否清除数据流缓冲区，默认为 False。

其实以上这些参数准确地说是函数参数。

这里我们编写一段测试代码，运行之后查看输出结果。

```
# 输出多个数据
print("hello","dream")
# 多个数据输出的分隔符
```

```
print("i","love",sep="#")
```

输出结果为

```
hello dream
i#love
```

其他参数自行测试，上述内容重点为多个数据输出，即 print(a,b,d,d)，必须掌握。

2.2.1 print()函数格式化输出

在很多教材中，这部分内容会占用比较多的篇幅，其实大可不必，因为这里的知识点太杂乱，学得多反而忘记得多，不如简单学习，然后留下一个“嗯，有这个东西”的印象即可。

print()函数格式化输出的意思就是按照你的意思将内容输出到任何载体上。

首先要学习的就是格式化字符，常见的有下面几个。

◎ %d 表示整数输出。
◎ %f 表示浮点数输出。
◎ %x 表示十六进制输出。
◎ %o 表示八进制输出。
◎ %s 表示字符串输出（其实初学阶段掌握这一个就可以了）。

例如下列代码：

```
name = "橡皮擦"
age = 18
score = 100

# 格式化一个变量输出
print("我是 %s" % name)
# 格式化多个变量输出
print("我是 %s 今年 %d 岁了，我考试得了%d 分" % (name,age,score))
```

注意，在格式化的时候，前面是待格式化的字符串，把格式化字符作为一个特殊的符号放在一个字符串里，就占了一个位置，字符串后面跟着一个%，该符号是固定的，其后面是替换的内容，可以是变量名，也可以是数值，如果前面占位的是%d，后面就是数值；如果占位的是%s，后面就是字符串。可以结合图 2-3 进行学习。

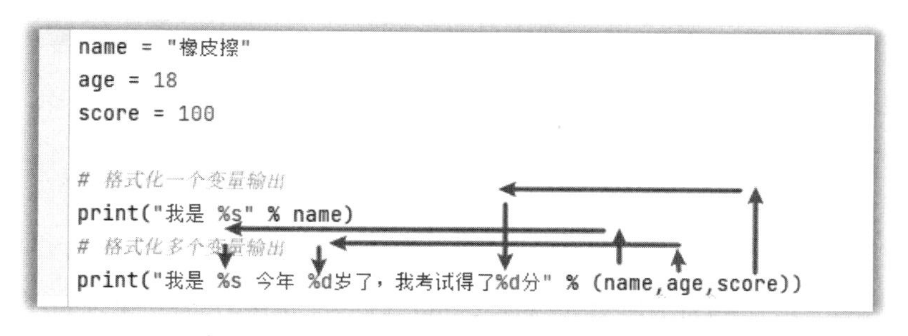

图 2-3

如果占位的格式化字符和后面给的实际变量的值匹配不上，如前面是%d，后面 age 给出了一个字符串，就会报错。

```
name = "橡皮擦"
age = 18
score = 100

print("我是 %s" % name)
print("我是 %s 今年 %d 岁了，我考试得了%d 分" % (name,"nnn",score))
```

但是，如果前面是%s，后面给出的是数字，则会自动转换。

```
name = "橡皮擦"
age = 18
score = 100
print("我是 %s" % name)
print("我是 %s 今年 %s 岁了，我考试得了%d 分" % (name,18,score))
```

所以，一般在不严格的时候，前面的占位符都用%s 就可以了。虽然不严谨，但是好用。

精准控制格式化输出

精准控制格式化输出主要用于浮点数，因为浮点数存在小数点，控制小数点显示的位数就显得很重要了，这里不做深入地讲解。经验告诉笔者，很多学习者学过后也就忘记了，所以你只需要记住 Python 也可以精准控制浮点数的显示就可以了。

2.2.2 format()函数

前面所讲的%方法在学习阶段使用一下还可以，在实际的格式化输出中，更多的还是使用 format()函数。在使用 format()函数的时候，通过{}符号进行占位。例如：

```
print("我是{}，今年{}，考试得了{}".format(name,age,score))
```

所有需要占位的地方都使用{}解决，不用去记住各种类型，也不会出现%这个莫名其妙的符号。

2.2.3 input()函数数据输入

input()函数和 print()函数的作用恰好相反，你可以通过 help()查看详情，如图 2-4 所示。

```
Help on built-in function input in module builtins:

input(prompt=None, /)
    Read a string from standard input.  The trailing newline is stripped.

    The prompt string, if given, is printed to standard output without a
    trailing newline before reading input.

    If the user hits EOF (*nix: Ctrl-D, Windows: Ctrl-Z+Return), raise EOFError.
    On *nix systems, readline is used if available.
```

图 2-4

input()函数的参数比较简单，只有一个输入提示语。例如下列代码：

```
name = input("请输入你的姓名：")
print("输入的姓名为{}".format(name))
```

上面的代码在运行过程中会要求你输入自己的姓名，按 Enter 键之后会格式化输出。在默认情况下，input()函数获取的输入数据会存储到一个变量中，本例为 name，该变量类型为字符串类型。如果你需要获取用户输入的数字，那么通过 int()函数进行转换即可。

3

无转折不编程

3.1 关系运算符

编程语言是人类对机器下达的指令，因此这种交流就像人类之间的交流一样，编程语言也需要逻辑表达。

实现编程逻辑需要掌握逻辑表达式，学习表达式需要提前掌握运算符，所以我们从运算符切入，开启编程逻辑的学习。

明确一个概念：运算符就是运算符号，不能单独存在，必须作用于 Python 中的变量或值。

我们首先进行关系运算符（也叫作比较运算符）的学习。在 Python 中，关系运算符用于数字（其他类型也能比较）之间的比较，所以要学习的就是大于、小于、等于等运算符。

常见的关系运算符如表 3-1 所示。

表 3-1

关系运算符	含　义
>	大于
<	小于
>=	大于或等于
<=	小于或等于
==	等于
!=	不等于

如果结论为真，关系运算符运算之后返回 True，反之返回 False。

测试代码如下：

```
a = 1 > 2
print(a) # False
b = 2 > 1
print(b) # True
```

关系运算符左右两边可以是变量，也可以是任意值，返回的结果是布尔值数据类型。该知识点虽然小，但是非常重要。

3.2 算术运算符

前面已经介绍了 Python 中的关系运算符，学习之后，你应该能够理解其与数学之间的关系，除了等于与不等于符号，其他符号我们从小就开始接触。因此当你看到 Python 中的算术运算符时，会感觉更加熟悉，因为就是加减乘除。

常见的算术运算符如表 3-2 所示。

表 3-2

算术运算符	含　义
+	加
-	减
*	乘
/	除
%	取余/取模
**	幂运算
//	取整除（向下取整）

算术运算符的使用也非常简单，直接临摹下列代码即可：

```
num1 = 1 + 1
num2 = 1 * 2
num3 = 2 // 1
print(num1, num2, num3)
```

以上所有运算符都可以进行代码测试，可以直接使用数字，也可以先把数字赋值给变量，然后对变量进行操作。注意这里的数字除整数外，还可以针对小数即浮点数进行操作。

3.3 逻辑运算符

逻辑运算符在 Python 中有 3 个，分别是 and、or 和 not。

含有逻辑运算符的表达式，最终返回的结果也是布尔值，具体可以参照下列代码：

```
a = (1 > 2) and (2 > 1)
print(a) # False

b = 2 > 1 or 1 < 2
print(b) # True
```

第一个表达式使用的是逻辑运算符 and，左侧为 1>2，右侧为 2>1。该式子的结果为 False。

有几个重要的点提示如下：

◎ and 运算符，需要左右都为 True，它最终的结果才为 True，否则都为 False。
◎ or 运算符，左右至少需要一个为 True，最终的结果才为 True。
◎ not 运算符是一个取反操作，原结果为 False，取反之后为 True。

以上内容和关系运算符、算术运算符一样，仅仅阅读一遍书籍意义不大，需要通过案例和项目进行练习才可以掌握。

在前面我们已经介绍了 3 种运算符，它们都是入门阶段必须掌握的。除此之外，在 Python 中还涉及其他类型的运算符，如赋值运算符、位运算符、成员运算符、身份运算符。

掌握运算符之后，就会衍生出一个扩展知识点，即运算符的优先级，这些知识点随着学习的深入，会逐步补充到你的知识库中。

3.4 编程中的转折——流程控制

3.4.1 if 语句

if 语句是我们接触的第一种流程，表示判断。首先全局概览 if 语句的语法格式，有印象即可。

```
if (条件判断):
    代码块
```

上面代码的含义是如果“条件判断”最终的结果是 True，就执行“代码块”中的内容；如果“条件判断”最终结果是 False，则不执行“代码块”中的内容。

在这里你还要学习 Python 代码的缩进。在 Python 中，一段代码是否是 if 语句的区块，是依据 Tab 键或 4 个空格进行判断的。除此之外，不要遗漏 if 所在行末尾的冒号（:）。

下面可以看一段真实代码。例如，判断一个人年纪是否超过 18 岁，如超过则输出“成年人”。具体代码为

```
age = 20
if (age >= 18):
    print("成年人")
```

在上面的代码中，age=20，其大于 18，因此 age>=18 返回的结果为 True，从而执行 if 语句内部的代码块。那么，如何判断一段代码是否属于 if 语句内部呢？通过代码缩进情况就可以判断，如图 3-1 所示。

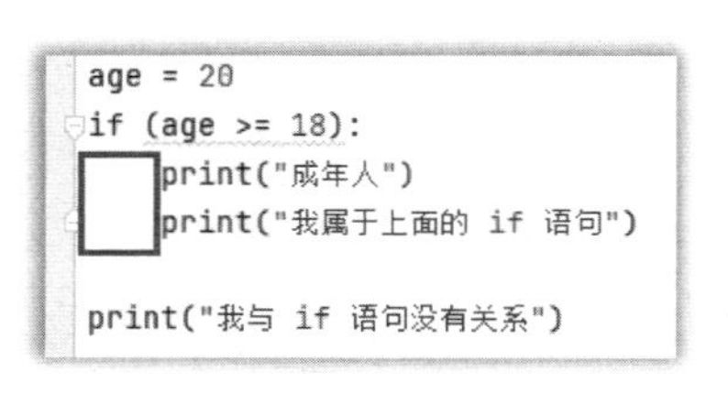

图 3-1

图 3-1 中的方框部分即为 Tab 缩进。缩进量一致的即为 if 内部的代码块，最下面的 print() 函数与 if 语句无关。相同级别的代码缩进的距离必须一致，如图 3-2 所示的情况在 Python 中将会报错。

```
age = 20
if (age >= 18):
    print("成年人")
     print("我属于上面的 if 语句")

print("我与 if 语句没有关系")
```

图 3-2

缩进是 Python 判断代码块的重要依据，if 语句是你首次接触缩进，接下来缩进将遍布 Python 的整个学习旅途。

下面代码中 if 后面的空格可以省略：

```
age = 20
if  age >= 18:
    print("成年人")
```

```
    print("我属于上面的 if 语句")
print("我与 if 语句没有关系")
```

3.4.2 if…else…语句

流程控制语句只有两种可能性，一种为真，一种为假。从流程控制语句开始，程序逻辑才变得丰富起来，否则所有的代码就只能从上到下顺序执行。

除了 if 语句，还有 else 语句，简单理解就是当条件语句的结果为真时，执行 if 语句中的代码块内容，当结果为假时，执行 else 语句中的代码块内容。

语法格式如下：

```
if (条件判断):
    if 的代码块
else:
    else 的代码块
```

接下来完成一个小例子，年龄大于或等于 18 提示“成年”，小于 18 提示“未成年”：

```
age = int(input("请输入你的年龄: "))
if  age >= 18:
    print("成年人")
    print("我属于上面的 if 语句")
else:
    print("未成年")
    print("我属于上面的 else 语句")
```

3.4.3 if…elif…else…语句

当流程控制出现多个可能性时，就需要用到 if…elif…else… 语句了，语法格式为

```
if (条件判断):
    if 代码块
elif (条件判断):
    elif 代码块
else:
    else 代码块
```

最典型的例子就是根据成绩计算 A、B、C 等级，不过我们不用这个例子，找一个新鲜的，计算某站点作者税收值。

需求如下：

◎ 800 元以内的，不交税。

◎ 800 元到 4000 元的，交总金额减去 800 元后乘以 20%。

◎ 4000 元到 20000 元的，直接为总金额的 16%。

具体代码为：

```
money = int(input("请输入你的收入: "))
if  money <= 800:
    print("不用交税")
elif  money > 800 and money <=4000:
    print("交税金额为: ",(money-800)*0.2)
elif  money>4000 and money<20000:
    print("交税金额为: ", money * 0.16)
else:
    print("你挣得太多了, 都扣了吧")
```

一定要注意，同级别的代码缩进都一样。

3.4.4 if 语句的嵌套

建议你先临摹一遍下面的代码，写过一遍之后代码就变得很容易理解了。简单地说，对于 if 语句嵌套 if 语句，只要你能处理好缩进，就可以无限循环下去。

```
money = int(input("请输入你的收入: "))
if money <= 800:
    print("不用交税")
    if money > 0:
        print("竟然挣到钱了")
    else:
        print("赔钱了")
elif money > 800 and money <=4000:
    print("交税金额为: ",(money-800)*0.2)
elif money>4000 and money<20000:
    print("交税金额为: ", money * 0.16)
else:
    if money > 100000000:
        print("挣得超过一个亿了")
    else:
        print("没挣够一个亿")
```

4

列表一学完，Python会一半

4.1　列表是个啥

列表，英文为 list，它是 Python 中一种可以动态添加或删除内容的数据类型，内部由一系列的元素组成。简单理解就是列表是一个将多个变量组合在一起的容器。

在很多书籍中，都会找一个与列表相似的编程概念。例如，说 Python 中的列表跟其他语言的数组一样，但对于没有任何编程概念的读者来说，数组也是一个陌生概念。其实列表可以简单地理解为 Python 中的一个容器，并且里面可以放任意数据类型，还可以赋值给变量，产生一个列表类型的变量。

4.1.1　列表定义

列表定义的格式为

```
my_list = [元素1,元素2,元素3…]
```

列表中的每一个数据都称为元素或者项，列表用中括号包裹，元素之间用英文逗号分隔，可以通过 print()函数直接打印输出。例如：

```
my_list = ["apple", "orange", "grape", "pear"]
print(my_list)
```

列表中的元素可以为相同的数据类型，也可以为不同的数据类型，基于此，列表嵌套列表也是可行的。例如：

```
my_list = [1, "orange", True, 1.0, [1, 2, 3]]
print(my_list)
```

4.1.2 列表读取

在学习列表读取操作之前，需要学习两个名词，一个是索引，另一个是下标。这两个词是同一个意思，使用二者都是为了获取列表中的元素。

索引先简单理解成序号一类的概念即可。

接下来，你还要掌握一个重要概念，即列表中的索引是从 0 开始的。这个概念在后续的编程中使用频率极高，很多场景都会应用到。我们上小学时就知道，自然数是从 1 开始的，但是在编程中数字是从 0 开始数的。

回顾一下前面的列表：

```
my_list = ["apple", "orange", "grape", "pear"]
```

可知索引为 0 的元素是字符串 apple，索引为 1 的元素是字符串 orange，以此类推。

列表读取的语法格式为

```
# 列表名[索引]
my_list[i]
```

以上内容转换成 Python 代码为

```
my_list = ["apple", "orange", "grape", "pear"]
print("索引为 0 的元素是: ", my_list[0])
print("索引为 1 的元素是: ", my_list[1])
print("索引为 2 的元素是: ", my_list[2])
print("索引为 3 的元素是: ", my_list[3])
```

在通过索引获取元素时，一定要注意索引是从 0 开始的。在初学阶段这一点很容易被忘记，对此也没有其他记忆技巧，多写几次，多错几次，自然就记住了。

索引除了为正数以外，还可以为负数。列表的最后一个元素的索引是–1，例如：

```
nums = [1,2,3,4,5,6]
print("列表最后一个元素为: ",nums[-1])
```

依据顺序，–1 表示最后一个元素，–2 表示倒数第二个元素，以此类推。

4.1.3 列表切片

编写程序时对列表的操作经常会有如下场景。

◎ 获取 1~3 项元素。

◎ 获取 4~7 项元素。

◎ 获取第 1、3、5……项元素。

这些内容转换到对列表的编码中，被称为切片操作。

列表切片具体的语法格式为

```
# 获取从索引 m 到 n-1 的列表元素
my_list[m:n]
# 获取列表的前 n 项元素
my_list[:n]
# 获取列表从 m 开始到结尾的元素
my_list[m:]
# 间隔 s，获取从 m 到 n 的列表元素
my_list[m:n:s]
```

例如下列代码（注意 m 与 n 的取值）：

```
my_list = ["a","b","c","d","e","f"]
# 输出 ['a', 'b', 'c'] 注意 a,b,c 的索引分别是 0,1,2
print(my_list[0:3])
# 输出 ['b', 'c', 'd', 'e'] 注意 b,c,d,e 的下标分别是 1,2,3,4
print(my_list[1:5])
# 输出 ['b', 'c', 'd', 'e', 'f']
print(my_list[1:])
# 输出 ['a', 'b', 'c', 'd', 'e']
print(my_list[:5])
# 输出 ['b', 'd']  从索引 1 到索引 3，间隔 1 个索引获取
print(my_list[1:4:2])
```

列表切片在后续的 Python 学习中属于非常重要的知识点，其核心是理清楚索引是如何与列表中的每一个元素一一对应的。

4.1.4 列表相关内置函数

在 Python 中常见的与列表相关的内置函数有 4 个，分别是最大值函数 max()、最小值函数 min()、求和函数 sum()及列表元素个数函数 len()。

最大值与最小值

使用 max()与 min()函数可以直接获取列表中的最大值与最小值，使用时有些注意事项需要了解。例如：

```
my_list1 = ["a","b","c","d","e","f"]
my_list2 = [1,2,3,4,5,6]
my_list3 = ["a",1,2,3,4]

# 输出 f
print(max(my_list1))
# 输出 6
print(max(my_list2))
# 报错
print(max(my_list3))
```

运行上面的代码时会发现，前两个列表可以输出最大值，但是第三个列表直接报错，这是因为 max()与 min()函数只能用于元素全是数字或者全是字符串的列表，如果列表中有其他数据类型或者数字与字符串混合就会报错。

min()函数的用法和 max()函数完全一致。

求和

sum()函数可以获取列表元素总和，但需要注意的是，sum()函数不能用于列表中元素为非数值的情况，也就是说，下面的代码是错误的：

```
my_list1 = ["a","b","c","d","e","f"]
print(sum(my_list1))
```

获取列表元素个数

在很多场景都需要获取列表元素个数，使用 len()函数即可实现，请自行编写测试代码。

4.1.5 列表元素的修改与删除

对于一个列表数据类型的变量来说，它是可以修改与删除元素的，也就是说，列表是 Python 中一种可以动态添加、删除内容的数据类型（本节暂时还无法对列表进行动态添加操作，后面会有讲解）。

列表的元素可以通过索引获取并进行修改。

```
my_list1 = ["a","b","c","d","e","f"]
print("修改前的列表",my_list1)
my_list1[4] = "橡皮擦"
print("修改后的列表",my_list1)
```

列表元素的删除操作分为两种情况，一种是删除单个元素，一种是删除多个元素。删除操作与列表切片关联度极高，可比对下列代码进行学习：

```
my_list1 = ["a","b","c","d","e","f"]

# 通过索引删除某一元素
del my_list1[0]
print(my_list1)

my_list1 = ["a","b","c","d","e","f"]
# 通过索引删除列表区间元素
del my_list1[0:3]
print(my_list1)

my_list1 = ["a","b","c","d","e","f"]
# 通过索引删除列表区间元素
del my_list1[0:3:2]
print(my_list1)
```

列表删除元素操作使用的关键字是 del。相信通过上述代码的临摹，你已经发现，删除操作是先通过索引找到元素，再通过 del 删除元素的。

以上内容是对列表中的元素进行操作，下面我们将学习如何对一个完整的列表进行操作。

4.1.6 列表相加、相乘、删除

在 Python 中可以直接对列表进行相加与相乘操作，列表与列表之间的相加可以理解为列表的连接，例如下列代码：

```
my_list1 = ["a","b"]
my_list2 = ["c"]
my_list3 = my_list1 + my_list2
print(my_list3)
```

任意多个列表如果用“+”号进行操作，那么这些列表将会连接起来形成一个新的大列表。

列表可以与一个数字进行乘法计算，表示重复前面的列表多次。例如下列代码：

```
my_list1 = ["a","b"]
my_list2 = ["c"]
my_list3 = my_list1 * 4
# 输出结果为 ['a', 'b', 'a', 'b', 'a', 'b', 'a', 'b']
print(my_list3)
```

上面的代码通过[a,b] * 4 使列表[a,b]重复出现了 4 次。

4.2 初识 Python 面向对象

Python 是一门面向对象的编程语言，所以在 Python 中所有的数据都是对象，如前面学过的整数、浮点数、字符串、列表都是对象。关于面向对象的概念本节不做过多的解释，在后面的面向对象部分再进行说明。

我们可以给各种对象设计一些方法，这些方法也是广义上的函数。是不是听起来有些绕？在 Python 中已经为一些基本对象内置了一些方法，从列表开始我们将逐步接触对象的内置方法。

对象方法的调用语法格式为：

```
对象.方法()
```

4.2.1 字符串对象的方法

你首先要知道在 Python 中任意一个数据都是对象，声明一个字符串变量之后，这个字符串变量就是一个对象，是对象就会有对象的方法。字符串常用的方法有：

- ◎ lower()方法：将字符串转换成小写。
- ◎ upper()方法：将字符串转换成大写。
- ◎ title()方法：将字符串首字母转换成大写，其余小写。
- ◎ rstrip()方法：移除字符串右侧空白。
- ◎ lstrip()方法：移除字符串左侧空白。
- ◎ strip()方法：移除字符串两侧空白。

例如：

```
my_str = "good moring"
my_strU = my_str.upper()
my_strL = my_str.lower()
my_strT = my_str.title()
```

```
# 大写
print(my_strU)
# 小写
print(my_strL)
# 首字母大写
print(my_strT)
```

输出结果为

```
GOOD MORING
good moring
Good Moring
```

移除字符串开始或者结尾的空白是非常有用的方法，该内容留给你自己来完成，代码可以参考 my_str.strip()。

4.2.2 快速获取系统内置方法

在实际开发中，我们很难记住一个对象的所有方法，即便对于橡皮擦这样的老开发者来说在编写代码时也要借助手册。记忆 Python 所有的方法是不可能的，一般把常用的记住即可。那么如何查询一个对象的所有方法呢？用到的是一个内置函数 dir()。

例如，你想知道一个字符串对象的所有方法，可以编写下面的代码：

```
my_str = "good moring"
print(dir(my_str))
```

代码运行之后，会得到如图 4-1 所示的内容，其中方框中的内容就是 4.2.1 节提到的字符串常用方法。

```
```bash
['__add__', '__class__', '__contains__', '__delattr__', '__dir__', '__doc__', '__eq__', '__format__', '__ge__', '__getattribute__',
'__getitem__', '__getnewargs__', '__gt__', '__hash__', '__init__', '__init_subclass__', '__iter__', '__le__', '__len__', '__lt__',
'__mod__', '__mul__', '__ne__', '__new__', '__reduce__', '__reduce_ex__', '__repr__', '__rmod__', '__rmul__', '__setattr__',
'__sizeof__', '__str__', '__subclasshook__', 'capitalize', 'casefold', 'center', 'count', 'encode', 'endswith', 'expandtabs',
'find', 'format', 'format_map', 'index', 'isalnum', 'isalpha', 'isascii', 'isdecimal', 'isdigit', 'isidentifier', 'islower',
'isnumeric', 'isprintable', 'isspace', 'istitle', 'isupper', 'join', 'ljust', 'lower', 'lstrip', 'maketrans', 'partition',
'replace', 'rfind', 'rindex', 'rjust', 'rpartition', 'rsplit', 'rstrip', 'split', 'splitlines', 'startswith', 'strip', 'swapcase',
'title', 'translate', 'upper', 'zfill']
```

图 4-1

对于某个方法是如何使用的，可以调用之前学习的内置函数 help()进行学习，语法格式为
```

```
help(对象.方法)
```

例如获取字符串对象的 rfind()方法：

```
my_str = "good moring"
print(help(my_str.rfind))
```

运行后输出结果如图 4-2 所示，阅读后即可了解 rfind()方法是如何使用的。

```
Help on built-in function rfind:

rfind(...) method of builtins.str instance
    S.rfind(sub[, start[, end]]) -> int

    Return the highest index in S where substring sub is found,
    such that sub is contained within S[start:end].  Optional
    arguments start and end are interpreted as in slice notation.

    Return -1 on failure.

None
```

图 4-2

因为后续将继续学习列表的方法，所以这里先简单展示一下。

```
my_list1 = ["a","b"]
print(dir(my_list1))
```

本书在后续章节将对图 4-3 中方框部分的方法进行讲解。肯定有人会关心没有方框的那些以两个下画线（_）开头的是啥？它们也是方法，不过现在还不到学习它们的时候。

```
['__add__', '__class__', '__contains__', '__delattr__', '__delitem__', '__dir__', '__doc__', '__eq__', '__format__', '__ge__',
'__getattribute__', '__getitem__', '__gt__', '__hash__', '__iadd__', '__imul__', '__init__', '__init_subclass__', '__iter__',
'__le__', '__len__', '__lt__', '__mul__', '__ne__', '__new__', '__reduce__', '__reduce_ex__', '__repr__', '__reversed__',
'__rmul__', '__setattr__', '__setitem__', '__sizeof__', '__str__', '__subclasshook__', 'append', 'clear', 'copy', 'count',
'extend', 'index', 'insert', 'pop', 'remove', 'reverse', 'sort']
```

图 4-3

4.3 通过方法增删列表元素

4.3.1 追加列表元素

在操作列表时经常会出现这样的场景，即需要往已经存在的列表中追加元素，如原列表有一个元素，现在想追加到两个。如果直接设置，会出现索引值超过列表长度的出错提示，该错误在操作列表时经常出现。例如：

```
my_list = ["apple", "orange", "grape"]
my_list[3] = "pear"
```

运行上面的代码，得到的出错提示为 IndexError:listassignmentindexoutofrange。这里需要提醒一下，在学习或编写代码的过程中要熟悉一些常见的错误，以便当这些错误出现时能够快速发现原因。

Python 中的列表对象内置了一个方法，可以实现在列表中追加元素，具体格式为

```
my_list.append("新增元素")
```

例如，可以声明一个空列表，然后往该列表中追加元素。

```
my_list = []
my_list.append("pear")
my_list.append("apple")
my_list.append("orange")
print(my_list)
```

通过 append()方法，每次都会在列表的末尾追加一个元素，用该方法就可以无限制地将列表扩展下去。

4.3.2 插入列表元素

append()方法是在列表末尾固定插入元素，那如何在任意位置插入元素呢？这要用到一个新的方法，即 insert()方法，语法格式为

```
my_list.insert(索引位置,"新增元素")
```

尝试在索引 1、索引 2、索引 0 的位置插入元素，具体代码为

```
my_list = ["pear", "apple", "orange"]
my_list.insert(0, "插入")
print(my_list)
my_list = ["pear", "apple", "orange"]
my_list.insert(2, "插入")
print(my_list)
```

这里需要注意的是，当索引超过列表长度时，默认插入末尾。

4.3.3 删除列表元素

在前面的章节中已经介绍过一种列表元素删除的方式，即使用关键字 del。该方式存在一个问题，就是删除元素之后，不能获取被删除的元素。接下来介绍的方法将解决该问题，你将能获取被删除的元素，该方法是 pop()，语法格式为

```
item = my_list.pop()
item = my_list.pop(索引)
```

注意，在 pop()方法中可以携带一个索引值，从而直接删除索引位置的元素，如果没有这个索引值，则默认删除最后一项。另外，该方法删除元素时，索引不能超过列表长度。变量 item 用于获取被删除的元素，例如：

```
my_list = ["pear", "apple", "orange"]
item = my_list.pop()
print(item)
print("删除元素之后")
print(my_list)
```

输出结果为

```
orange
删除元素之后
['pear', 'apple']
```

pop()方法是按照索引删除元素的。你还可以直接删除指定的元素，所用的方法是 remove()，语法格式为

```
my_list.remove(待删除元素内容)
```

注意，remove()方法删除元素后，不会返回被删除的元素。另外，如果待删除的元素不在列表中，会提示代码错误。

如果待删除的元素在列表中有多个，则默认只删除第一个。如果想要删除多个，就要用到后面要讲的循环知识。

4.4 列表排序

对于列表，除了增删改操作，还会涉及排序等操作。排序操作对于列表对象来说非常简单，使用固定的方法即可。

4.4.1 排序方法 sort()

sort()方法可以对列表元素进行排序，默认从小到大，也可以修改成从大到小。该方法一般用于纯数字或纯英文字符列表排序，如果列表中的元素数据类型比较复杂，则该方式不适用。

sort()方法的语法格式为

```
my_list.sort()
```

例如，声明一个所有元素都是数字的列表，然后进行排序：

```
my_list = [3, 4, 1, 2, 9, 8, 7]
print("排序前：", my_list)
my_list.sort()
print("排序后：", my_list)
```

输出结果为

```
排序前：[3, 4, 1, 2, 9, 8, 7]
排序后：[1, 2, 3, 4, 7, 8, 9]
```

如果希望从大到小进行排序，只需要增加参数（参数概念后面还会讲解）reverse=True 即可。

```
my_list = [3, 4, 1, 2, 9, 8, 7]
print("排序前：", my_list)
my_list.sort(reverse=True)
print("排序后：", my_list)
```

你可以自己测试英文字符串的排序结果。这里有一个小建议，在对英文字符列表进行排序时，可以先将字符串英文全部修改为小写。

注意，sort()方法排序是对原列表中元素的顺序进行修改，即修改的是 my_list 列表的顺序。如果不想修改原列表的顺序，则需要新生成一个列表，用到的是下面介绍的 sorted()函数。

4.4.2 排序函数 sorted()

用前面介绍的 sort()方法排序将造成列表元素顺序永久修改，但很多时候并不需要修改原列表的元素顺序，这种情况下需要借助 sorted()函数。注意，sorted()是一个内置函数，并不是列表对象的一个方法，也就是说 sorted()函数可以用于很多对象的排序。

sorted()函数的语法格式为

```
sorted(待排序列表) # 正序，从小到大
sorted(待排序列表,reverse=True) # 逆序，从大到小
```

该函数使用之后会返回一个新的列表，你可以用新变量接收，具体代码为

```
my_list = [3, 4, 1, 2, 9, 8, 7]
print("排序前：", my_list)
new_list = sorted(my_list)
print("排序后：", my_list)
print("排序后：", new_list)
```

注意，排序后的新变量为 new_list，对于原 my_list 列表中元素的顺序并无影响。

4.5 其他列表方法

4.5.1 检索元素索引

通过 index()方法可以获取某内容在列表中第一次出现的索引值，语法格式为

```
索引值 = my_list.index(待查找值)
```

该方法如果没有检索到索引值，会提示错误。

```
my_list = [3, 4, 1, 2, 9, 8, 7]
ke = my_list.index(4)
ke = my_list.index(10)
print(ke)
```

4.5.2 统计列表元素出现次数

通过 count()方法可以获取列表特定元素出现的次数，语法格式为

```
次数 = my_list.count(待查找值)
```

例如：

```
my_list = [3, 4, 3, 2, 3, 8, 7]
nums = my_list.count(3)
print(nums)
```

当在列表中找不到待查找值时，该方法会返回 0。

4.5.3 转换为字符串

通过 join()方法可以将列表中的所有元素转换成字符串，语法格式为

```
连接字符串.join(待转换列表)
```

其实，准确地说该方法应该是字符串对象的一个方法。例如：

```
my_list = ["pear", "apple", "orange"]
my_str = "#".join(my_list)
print(my_str)
```

在使用该方法时需要注意，列表中所有元素都必须是字符串，否则会出现 expectedstr instance,intfound 错误。

4.5.4 追加列表

前面介绍的 append()方法可以给列表追加元素，而 extend()方法可以给一个列表追加一个列表，相当于将两个列表进行连接，语法格式为

```
列表 1.extend(列表 2)
```

注意，追加的列表默认在原列表末尾追加，所以追加之后原列表中的元素已经发生了改变。例如：

```
my_list1 = [1, 2, 3]
my_list2 = [4, 5, 6]
my_list1.extend(my_list2)
print(my_list1)
```

4.6 多维列表

列表中的元素可以为任意数据类型，故列表嵌套列表也是可以的。例如：

```
my_list = [1,2,3,[4,5,6]]
```

当需要获取嵌套列表中的元素时，需要按照层级获取。例如，希望获取元素 5，首先要获取最外层列表中的第 4 项元素，即 my_list[3]，然后获取索引位置为 1 的元素，即 my_list[3][1]，具体代码可以自行尝试。还可以在内层列表中再嵌套列表，无限循环下去。

4.7 特殊的列表字符串

现在回过头来再看一下字符串"abcsdasa"，可以将字符串看成一个字符组成的列表，一般也称为字符序列（有顺序的列表）。字符串也不能完全等价于列表，因为字符串不能修改单个元素。

4.7.1 字符串索引与切片

字符串也可以通过索引访问某个元素，索引使用方式与列表一致。例如：

```
my_str = "abcdefghi"
print(my_str[5])
print(my_str[4])
print(my_str[3])
```

列表切片也可用于字符串，相当于获取字符串子串。

4.7.2 可用于字符串的部分函数和方法

列表相关的内置方法，如 len()、max()、min()，也可用于字符串，具体代码可自行编写。

4.7.3 将字符串转换为列表

通过内置函数 list()可以将字符串转换为列表，也就是将字符串中的每个字符都拆解开。例如：

```
my_str = "abcdefghi"
print(list(my_str))
```

输出结果为

```
['a', 'b', 'c', 'd', 'e', 'f', 'g', 'h', 'i']
```

5 Python循环的本质就是一段代码懒得重复写

5.1 for 循环

程序中循环的概念非常容易理解，一段相似的代码不想重复写，然后让程序完成这个操作就是循环。例如，从 1 加到 100，如果你依次去加，就会发现代码变得冗长，最好的写法是让程序通过循环依次累加。

for 循环可以将对象中的元素进行遍历（迭代）操作，每次遍历都可以对元素进行相应的处理。学习到本章节时，可进行遍历（迭代）操作的数据类型只有列表类型。

for 循环的语法格式为

```
for item in  my_list(可迭代对象):
    for 代码块
```

上面代码中的变量 item，就是每次循环得到的对象，即可迭代对象里的每个值。

这里最重要的一个概念是可迭代对象（iterableobject），其英文你也需要记住，后面经常用到。

可迭代对象在 Python 中非常多，如列表、元组、字典与集合，相关内容将在后面章节进行介绍。

5.1.1 for 循环基本使用

学习列表之后，对于 for 循环你需要建立一个基本的概念，即 for 循环可以依次获取列表中的每一项，注意是依次获取。

另外，与 if 语句一样，编写 for 循环的代码时要时刻注意缩进。

例如，通过 for 循环打印列表中的每一项。

```
my_list = ["apple","orange","banana","pear"]
for item in  my_list:
    print(item)
```

for 循环语句中的代码，要求缩进一致，而且所有缩进一致的代码都属于同一层级。例如：

```
my_list = ["apple","orange","banana","pear"]
for item in my_list:
    print("输出一个水果")
    print(item)
```

5.1.2 for 循环嵌套 if 判断语句

for 循环里面可以是多行代码，即一个代码段，因此在该代码段中也是可以嵌套 if 语句的，具体写法可以参考下列代码：

```
my_list = [1,2,3,4,5,6,7]
for item in my_list:
  if item >3:
     print("该元素比 3 大")
     print("该元素是: ",item)
```

上面的代码可以判断当列表中的元素大于 3 时，输出 if 语句中的内容。你可以尝试补全 else 语句。

5.2 range()函数

在 Python 中可以通过 range()函数生成一个等差序列，这个等差序列就是一个可迭代对象。如果使用 type()函数查看对象类型，会发现 range()函数生成的对象类型是 range()。例如下列代码：

```
my_range = range(4)
print(my_range)
print(type(my_range))
```

输出结果为

```
range(0, 4)
<class 'range'>
```

<class range> 表示生成的结果是一个 range 对象。

上面用到了 range()函数，代码为 range(4)，其通用的语法格式为

```
range(start,stop,step)
```

参数中只有 stop 是必填项，step 默认值是 1，如果省略 start，则默认表示从 0 到 stop-1。为了加深记忆，可以编辑并运行下列代码：

```
my_range1 = range(4)
for i in my_range1:
    print(i)
print("#"*10)
my_range2 = range(1,4)
for i in my_range2:
    print(i)
print("#"*10)
my_range3 = range(1,6,2)
for i in my_range3:
    print(i)
```

该代码都是使用 for 循环语句进行输出的，你也可以通过 list()函数来完成。输出结果为

```
0
1
2
3
##########
1
2
3
##########
1
3
5
```

range()函数在后续的学习中会经常用到，很多场景下都需要借助它生成一个等差序列，所以请多输入几遍代码，牢牢掌握该函数。

5.3 for 循环补充知识

5.3.1 for 循环嵌套

一个循环嵌套另一个循环称为循环的嵌套。在编写循环嵌套代码时需要随时提醒自己代码块缩进，核对好代码块属于哪个 for 循环。

接下来是一个经典案例——通过 Python 输出一个九九乘法表。当年笔者在学习的时候就在这里费了很大力气，一直到期末考试也没弄明白，入门阶段这应该是比较难理解的程序了。该案例的具体代码如下：

```
for i in range(1,10):
    for j in range(1,10):
        print("%d * %d = %3d "%(i,j,i*j),end=" ")
print(" ")
```

代码运行之后如图 5-1 所示。

```
1 * 1 =   1  1 * 2 =   2  1 * 3 =   3  1 * 4 =   4  1 * 5 =   5  1 * 6 =   6  1 * 7 =   7  1 * 8 =   8  1 * 9 =   9
2 * 1 =   2  2 * 2 =   4  2 * 3 =   6  2 * 4 =   8  2 * 5 =  10  2 * 6 =  12  2 * 7 =  14  2 * 8 =  16  2 * 9 =  18
3 * 1 =   3  3 * 2 =   6  3 * 3 =   9  3 * 4 =  12  3 * 5 =  15  3 * 6 =  18  3 * 7 =  21  3 * 8 =  24  3 * 9 =  27
4 * 1 =   4  4 * 2 =   8  4 * 3 =  12  4 * 4 =  16  4 * 5 =  20  4 * 6 =  24  4 * 7 =  28  4 * 8 =  32  4 * 9 =  36
5 * 1 =   5  5 * 2 =  10  5 * 3 =  15  5 * 4 =  20  5 * 5 =  25  5 * 6 =  30  5 * 7 =  35  5 * 8 =  40  5 * 9 =  45
6 * 1 =   6  6 * 2 =  12  6 * 3 =  18  6 * 4 =  24  6 * 5 =  30  6 * 6 =  36  6 * 7 =  42  6 * 8 =  48  6 * 9 =  54
7 * 1 =   7  7 * 2 =  14  7 * 3 =  21  7 * 4 =  28  7 * 5 =  35  7 * 6 =  42  7 * 7 =  49  7 * 8 =  56  7 * 9 =  63
8 * 1 =   8  8 * 2 =  16  8 * 3 =  24  8 * 4 =  32  8 * 5 =  40  8 * 6 =  48  8 * 7 =  56  8 * 8 =  64  8 * 9 =  72
9 * 1 =   9  9 * 2 =  18  9 * 3 =  27  9 * 4 =  36  9 * 5 =  45  9 * 6 =  54  9 * 7 =  63  9 * 8 =  72  9 * 9 =  81
```

图 5-1

这个程序包含 for 循环、for 循环嵌套、格式化输出字符串，还有不同级别的缩进。

循环在执行的时候，你可以先这么理解：外层循环转 1 遍，内层循环跑 1 圈。

初学阶段，这句话的含义可能很难理解。很多教材可能会给出流程图，告诉你分支怎么走，但理解起来很费劲。在笔者看来，这就是个不断敲代码然后就可以顿悟的事情，所以接下来先写上几遍代码吧。

在上面的代码中标记两条线，如图 5-2 所示。

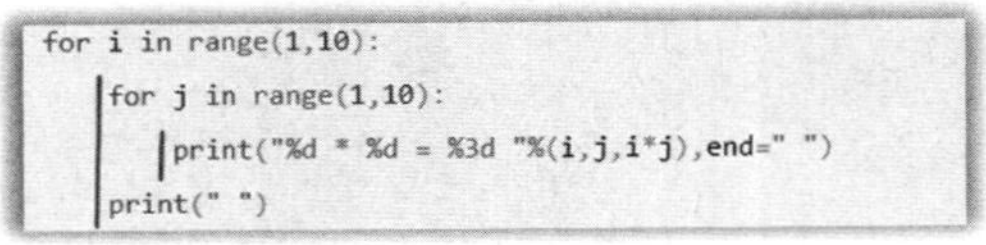

```
for i in range(1,10):
    for j in range(1,10):
        print("%d * %d = %3d "%(i,j,i*j),end=" ")
    print(" ")
```

图 5-2

外层循环就是最上层的循环，它循环一次，内层循环（就是包含变量 j 的那个 for 循环）循环 1 圈，即 range(1,10)生成的列表都循环一次。

结论就是：当 i=1 时，j 从 1 一直变到 10，然后输出一个 print(" ")；当 i=2 时，j 还是要从 1 变到 10，然后输出一个 print(" ")；……；当 i=9 时，内层循环循环完最后一圈。此时，所有循环运行完毕，所有 for 循环结束。

特别说明：print()函数输出的时候，默认会带一个\n 符号，在本书的前面章节中已经介绍过，该符号代表换行。如果想去掉 print()函数自带的换行符，需要使用 end 参数，即 print("待输出内容",end=" ")。

虽然详细地介绍了流程，但是有的读者可能还是看不懂。这个地方确实很难（对于完全零基础的读者来说），不过不用担心，随着写的代码越来越多，慢慢就掌握了。

5.3.2 break 终止循环

终止循环可以这么理解，当满足某个条件时（这时用到的肯定是 if 语句），不想循环了，这就是 break 的使用场景。

例如，当循环一个列表时，如果出现一个大于 3 的数字，就终止循环。

```
for i in range(1,10):
    if i > 3 :
        print("出现大于 3 的数字，终止循环")
        break
```

5.3.3 continue 继续循环

continue 与 break 类似，都是当满足某个条件时要循环执行的操作，只不过程序碰到 continue 关键字，不是终止循环，而是进入下一次循环，当前循环不管还剩下什么代码，都不再执行。例如：

```
for i in range(0,5):
    if i > 3 :
        continue
    print("当前数字为：",i)
```

在上面的代码中，for 循环存在一个 if 判断，当 i>3 时，也就是列表中的数字大于 3 时，直接进入下一次循环，结果就是在循环中发现比 3 大的数字之后，print()函数部分的代码就不会执行了，所以代码的输出结果是小于或等于 3 的数字。

```
当前数字为：0
当前数字为：1
当前数字为：2
当前数字为：3
```

5.3.4 for…else 循环

for…else 循环是 Python 中一种特定的语法结构，大白话就是 for 循环执行完就执行 else。很多时候大白话能理解了，你就能描述出某个逻辑是要实现什么操作了，说明这个知识点你已经掌握了。

例如测试下列代码：

```
for i in range(0,5):
   if i > 3 :
      continue
   print("当前数字为：",i)
else:
   print("不管上面的 for 循环干了啥，我都要执行一次")
```

在这里有个知识点需要补充，就是代码配对。什么叫配对？在学习 if 语句时，就知道 if 和 else 可以搭配使用，但配对又有多种情况，参见下列代码：

```
if 条件:
   pass
if 条件:
   pass
else:
   pass
```

pass 表示占位，在 Python 中是支持该关键字的，但它无意义，仅表示目前阶段还没想清楚这里要实现什么代码逻辑——为防止出现异常，先用单词 pass 占住位置。

上面的代码出现了两个 if 和一个 else。一定要注意，else 和最近的 if 是一对，最上面的 if 就是一个普通的 if。这种情况在代码嵌套时会更有意思。

```
if 条件:
   pass
if 条件:
   if 条件:
```

```
        pass
    else:
        pass
else:
    pass
```

依据缩进关系，你需要找到 if 与 else 之间哪些是一对。为此，一定要在编辑器中实际编写相关代码，感受缩进之间的关系。

综合刚学习的内容，现在你知道如何对 for 和 else 进行配对了吧？

5.4 while 循环

while 循环也是 Python 中的一种循环语法，不过这种循环很容易写成死循环，就是一直循环下去，直到计算机内存耗尽，然后崩溃，蓝屏死机。死循环也有它的应用场景，后面会有介绍。

while 循环的语法格式为

```
while 条件:
    代码块
```

其中“条件”非常重要，这个“条件”在后续的学习中会扩展为“条件表达式”，表达式的结果需要判断真假，为真（True）才会运行 while 循环中的代码块。

5.4.1 while 循环的经典应用

while 循环除了语法结构与 for 循环有差异，很多地方基本一致，接下来完成一个通过 while 循环实现的经典应用——猜数字。这个应用勉强算是一个游戏，具体代码为

```
# 最终的答案为 12，其实可以用随机数
answer = 12
# 用户猜的数字
guess = 0
# 条件为 判断 guess 不等于 answer
while guess!=answer:
    guess = int(input("请输入一个 1~100 之间的数字："))
    if guess > answer:
        print("你的数字大了")
    elif guess < answer:
        print("你的数字小了")
```

```
else:
    print("恭喜猜对，数字为 12 ")
```

该应用虽然小，但是整合了很多之前学过的知识，如 input()函数获取用户输入，int()函数将字符串转换成整数，还用到了 if…elif…else 语句等内容。越简单的知识点在后续的学习中出现得越频繁，所以说学习编程基础知识才是最重要的。

5.4.2 while 循环其他说明

while 循环的用法与 for 循环基本一致，很多时候你甚至可以看成是一件事情。因为 break 与 continue 语句同样适用于 while 循环，这里不再做重复知识点的说明，后面学习复杂编程的时候，你自然可以掌握。

6

Python元组，不可变的列表

6.1 元组的定义

本节要学习一个新的概念——元组。学习元组还是离不开列表，本节要记忆的第一个知识点是元组的英文 tuple，你要牢牢记住；第二个知识点是元组与列表的区别，列表的元素可以修改，元组的元素不可以修改，所以元组又可以称为不可变列表。到这里，其实元组的学习就完成了。

列表用中括号（[]）进行定义，元组用小括号（()）进行定义。元组的语法格式为

```
# my_tuple 是元组变量名，可以任意命名
my_tuple = (元素 1,元素 2,元素 3…)
```

元组中的每一个数据也称为元素，元素也可以是数字、字符串或者列表等内容，输出使用 print()函数即可。

特别需要注意的是，如果元组内的元素只有一个，则需要在定义的时候在首个元素的右侧增加一个英文逗号（,），例如：

```
# 下述元组只有一个元素
my_tuple = (元素 1,)
```

接下来在 PyCharm 中尝试编写一段代码。

```
# 声明一个元组对象
my_tuple = (1, 2, 3)
print(my_tuple)
```

```
print(type(my_tuple))

# 声明一个元组对象
my_tuple1 = ("www", "aaa", "ggg")
print(my_tuple1)
print(type(my_tuple1))

# 声明只有一个元素的元组对象
my_tuple2 = ("www", )
print(my_tuple2)
print(type(my_tuple2))
```

6.2 读取元组中的元素

在本书前面的章节中你已经学习了列表，因此元组部分的学习就会变得比较简单。在元组中获取元素也是通过中括号（[]）加上索引的方式，与列表一样。

元组也可以通过循环输出，可以自行通过 for 循环进行尝试。

列表中的元素可以通过索引修改，但是元组不可以，因此下面的代码会出现错误：

```
# 声明一个元组对象
my_tuple = ("www", "aaa", "ggg")
my_tuple[1] = "good"
print(my_tuple)
```

出错提示为

```
TypeError: 'tuple' object does not support item assignment
```

出错的原因就是 6.1 节提及的元组不允许修改元素。上面的出错提示翻译为中文就是“tuple 对象不支持赋值”。

6.3 元组的其他知识补充

由于元组与列表极其相似，接下来的一些知识点只做简单罗列。

- ◎ 元组可以进行切片操作。
- ◎ 列表中不涉及修改元素的方法都可用于元组，如 len()函数、count()函数等。如果列表方法会对元素进行修改，那就不可用于元组，如 append()函数、insert()函数等。如果想详细查阅相关内容，可以借助前面章节学习的 dir()函数。

◎ 部分列表可用的内置函数同样适用于元组，如 max()函数、min()函数等。

6.4 元组与列表转换

在开发代码的过程中，有时需要将列表与元组相互转换。该转换类似之前学过的强制转换，核心内置函数为 list()与 tuple()。

例如，将元组修改为列表。

```
my_tuple = ("www", "aaa", "ggg")
my_list = list(my_tuple)
print(my_list)
```

将列表修改为元组：

```
my_list = ["www", "aaa", "ggg"]
my_tuple = tuple(my_list)
print(my_tuple)
```

6.5 内置函数 zip()

zip()函数可以将一个可迭代对象（如列表）打包成元组，打包之后返回的对象被称为 zip 对象。如果看起来比较绕，可以先写下列代码进行学习：

```
en_names = ["apple", "orange", "pear"]
cn_names = ["苹果", "橘子", "梨"]

zipData = zip(en_names, cn_names)
print(zipData)  # 打印 zipData
print(type(zipData))  # 打印 zipData 数据类型
print(list(zipData))  # 输出 zipData 中的数据内容
```

输出结果为

```
<zip object at 0x0000024C1E4FF648>
<class 'zip'>
[('apple', '苹果'), ('orange', '橘子'), ('pear', '梨')]
```

通过代码你可以看到，zip()函数把两个列表的数据合并了，每个列表中对应索引位置的元素合并在了一个元组里。上面的代码中就出现了 apple 与苹果对应，orange 与橘子对应，pear 与梨对应。

如果放在 zip()函数中的列表参数长度不相同，那么 zip()函数会选择元素最少的那个列表作为依据，形成对应关系。例如：

```
en_names = ["apple", "orange"]
cn_names = ["苹果", "橘子", "梨"]

zipData = zip(en_names, cn_names)

print(zipData)  # 打印 zipData

print(type(zipData))  # 打印 zipData 数据类型
print(list(zipData))  # 输出 zipData 中的数据内容
```

该代码第一个列表有 2 个元素，第二个列表有 3 个元素，最终输出的结果为

```
<zip object at 0x0000026DE2F7F608>
<class 'zip'>
[('apple', '苹果'), ('orange', '橘子')]
```

如果在 zip()函数中的参数前面加上*符号，则相当于解压，返回二维矩阵式：

```
en_names = ["apple", "orange"]
cn_names = ["苹果", "橘子", "梨"]
zipData = zip(en_names, cn_names)

print(zipData)  # 打印 zipData

unzipData = zip(*zipData)
print(unzipData)  # 打印 unzipData
print(list(unzipData))  # 打印 unzipData 内容
```

6.6 元组的功能与应用场景

元组既然与列表这么相似，那么为何 Python 还要专门设计一个元组数据类型呢？

相比于列表，元组的优点为：

1. 元组不可修改，所以元组可以保护数据。
2. 元组在底层数据结构上比列表简单，占用的资源少，程序执行速度快。
3. 元组很多时候会用作函数的返回值（后面将介绍相关内容）。

7

字典怎么查，Python字典就怎么用

7.1　字典的基本操作

7.1.1　字典的定义

我们在前面的章节中已经学习了列表与元组，这两种数据类型中的元素都是按照顺序排列的，所以可以使用索引进行取值。本节要学习的知识点是字典，它不通过索引就能取到值，换句话说，字典是无顺序的数据结构。

字典可以被看成一种列表型的数据结构，是一种可以容纳其他类型数据的容器。字典中的元素是使用“键-值”表示的，而且“键-值”成对出现，键与值之间存在的关系可以描述为通过键取值。这是字典的核心概念，类似通过部首查字。

字典的语法格式为

```
# my_dict 是一个变量名
my_dict = {键1:值1,键2:值2……}
```

其中，字典的值（值 1、值 2 等）可以是数值、字符串、列表、元组等。

下面的例子通过字典来表示一个中英文对照表。

```
my_dict = {"red": "红色", "green": "绿色", "blue": "蓝色"}
print(my_dict)
print(type(my_dict))
```

输出结果为

```
{'red': '红色', 'green': '绿色', 'blue': '蓝色'}
<class 'dict'>
```

再加深一下对字典的理解：字典建立了以键寻值的一一对应关系。

7.1.2 获取字典的值

字典是通过键-值定义的，即通过键获取值，因此字典中不允许出现重复的键。获取字典的值的语法格式为

```
my_dict = {"red": "红色", "green": "绿色", "blue": "蓝色"}
print(my_dict["red"])
```

仔细观察一下上面的代码，其与列表中元素的获取方式非常相似，只是将索引值替换为键。

7.1.3 增加元素、修改元素、删除元素

增加元素

在字典中增加一个元素非常简单，只需按照下列语法格式编写代码。

```
my_dict[键] = 值
```

如果想在刚才的颜色翻译字典中增加一个橙色的中英文键-值对，那么可通过下列代码实现。

```
my_dict = {"red": "红色", "green": "绿色", "blue": "蓝色"}
my_dict["orange"] = "橙色"

print(my_dict)
```

如果希望在字典中增加更多的键-值对应关系，那么参考上面的结构依次编写下去即可。

修改元素

修改字典中的元素（准确地说应该叫作修改字典元素的值）需要注意对应关系，例如将代码中 red 对应的值“红色”修改为“浅红色”，通过下列代码即可实现。

```
my_dict = {"red": "红色", "green": "绿色", "blue": "蓝色"}
my_dict["red"] = "浅红色"
print(my_dict)
```

也就是说，通过“my_dict[要修改的键]=新的值”即可完成元素修改。

删除元素

如果想删除字典中的某个元素，那么通过 del 关键字加上 my_dict[待删除元素的键]即可实现，例如，

```
my_dict = {"red": "红色", "green": "绿色", "blue": "蓝色"}
del my_dict["red"]
print(my_dict)
```

上面的代码可以删除特定元素，而使用字典的 clear()方法可以将字典清空，例如，

```
my_dict = {"red": "红色", "green": "绿色", "blue": "蓝色"}
my_dict.clear()
print(my_dict)
```

上面的代码运行之后会输出符号{}，表示该字典为空。

除了将字典清空，还可以直接将字典变量删除，例如，

```
my_dict = {"red": "红色", "green": "绿色", "blue": "蓝色"}
del my_dict

print(my_dict)
```

删除字典变量之后打印 my_dict，程序直接报错，提示 name 'my_dict' is not defined，即变量未定义。在删除字典时一定要尽量避免删除整个字典，当然，程序逻辑要求这么实现的除外。

7.1.4 字典的补充知识

空字典

建立空字典的语法格式为

```
my_dict = {}
```

空字典一般用于逻辑占位，即先声明后使用。

获取字典元素数量

列表与元组都可以使用 len()函数来获取元素数量，同样的方法也适用于字典，语法格式为

```
my_dict_length = len(my_dict)
```

空字典的元素数量为 0，可以通过代码进行实测。

字典可读性书写

在很多时候，软件项目不是一个人就可以完成的，需要团队进行配合，因此提高代码的可读性就显得非常重要。对于字典这种数据类型，建议一行定义一个元素，例如：

```
my_dict = { "red": "红色",
            "green": "绿色",
            "blue": "蓝色"}
```

7.2 字典的遍历

字典也需要遍历输出每一个元素。我们已经知道字典是由键-值对组成的，字典中可进行遍历输出的内容包括所有键-值对、所有键、所有值。

接下来展开说明。

7.2.1 遍历字典的键值

调用字典的 items()函数可以获取字典的所有键和值，例如，

```
my_dict = { "red": "红色",
            "green": "绿色",
            "blue": "蓝色"}
print(my_dict.items())
```

代码运行后的输出结果为

```
dict_items([('red', '红色'), ('green', '绿色'), ('blue', '蓝色')])
```

接下来循环输出字典内容。这里有几种不同的实现方式，可以先在编辑器中编写下列代码，再学习知识点。

```
my_dict = { "red": "红色",
            "green": "绿色",
            "blue": "蓝色"}
# 直接对 my_dict 进行遍历
for item in my_dict:
    print(item)
# 遍历 my_dict 的 items 方法
for item in my_dict.items():
```

```
    print(item)
# 遍历 my_dict 的 items 方法，并用 key 与 value 接收
for key,value in my_dict.items():
    print("键:{}, 值:{}".format(key,value))
```

请通过 PyCharm 运行代码，查看输出结果。

1．第一种方式输出所有的键。

2．第二种方式将每个键-值对当作一个元组输出。

3．第三种方式通过变量与元组之间的解包操作直接将键与值输出。

关于变量与元组之间的赋值，可以参考下列代码。

```
a,b = (1,2)
print(a)
print(b)
```

通过该方式进行变量的赋值，一定要将左侧的变量与右侧元组中的元素做好对应，一个变量对应元组中的一项，顺序也要对应。如果对应关系出现问题，就会出现出错提示：ValueError:toomanyvaluestounpack。

7.2.2 遍历字典的键

前面学习的内容是遍历字典的键和值，你可以直接通过 keys()方法获取字典的所有键，例如，

```
my_dict = { "red": "红色",
            "green": "绿色",
            "blue": "蓝色"}
for key in my_dict.keys():
    print(key)
```

7.2.3 遍历字典的值

用 keys()方法获取键，对应的就是通过 values()获取所有值。

因为该知识点和上一小节高度雷同，所以我们省略该部分的讲解。如果想成为一名合格的开发者，在学习知识的起步阶段就要坚持每天写代码，代码量不能减少，所以本部分留给你来独立完成。

7.3 字典与其他数据类型的结合

学到这里，你需要认识到字典也是一个容器，它可以包含任意类型的数据。当然，字典也是一种数据类型，所以字典也可以被列表、元组、字典本身等容器类数据类型的变量所包含。

初学阶段这个知识点理解起来有点绕，但其核心是非常简单的，看完后面的代码就可以掌握。

7.3.1 列表嵌套字典

下面直接展示列表嵌套字典的代码。

```
my_list = [ {"name": "橡皮擦", "age": 18},
            {"name": "大橡皮擦", "age": 20}]
print(my_list)
print(my_list[0])
```

7.3.2 字典嵌套列表

字典中元素的值也可以是列表，例如，

```
my_dict = { "colors": ["红色","绿色"],
            "nums": [1,2,3,4,5],
            "name": ["橡皮擦"]}
print(my_dict)
```

以上内容都是非常简单的写法，总结成一句话就是：嵌套都是套娃。

7.4 字典的方法

字典中有一些特殊的方法需要进行单独说明，如果想查看字典的所有方法，那么使用内置函数 dir()调用其对象即可。

7.4.1 fromkeys()方法

该方法用来创建一个字典，语法格式为

```
# 注意该方法直接通过 dict 调用
# seq 是一个序列，可以为元组，也可以是字典
my_dict = dict.fromkeys(seq)
```

例如，

```
my_list = ['red', 'green']
my_dict = dict.fromkeys(my_list)

# 以下内容输出 {'red': None, 'green': None}
print(my_dict)
my_dict1 = dict.fromkeys(my_list, "字典的值")
print(my_dict1)
```

使用这种方式创建字典，输出的字典中所有值都为 None（Python 中的特殊值，相当于空），原因是没有设置字典的参数值（其默认值为 None）。如果需要在定义字典时初始化该值，那么将方法中的第二个参数赋值即可。

7.4.2 get()方法

get()方法用于通过键获取值，当键不存在时，可以设置一个默认值进行返回，例如下列代码。

```
my_dict = { "red": "红色",
            "green": "绿色",
            "blue": "蓝色"}
print(my_dict.get("red"))  # 返回红色
print(my_dict.get("red1")) # 返回 None
print(my_dict.get("red1","设置一个找不到返回的默认值"))
```

7.4.3 setdefault()方法

setdefault()方法与 get()方法的用法和用途基本一致，区别是当 setdefault()方法搜寻不到指定的键时，会自定将键和值插入字典，例如，

```
my_dict = { "red": "红色",
            "green": "绿色",
            "blue": "蓝色"}
print(my_dict.setdefault("red")) # 返回红色
print(my_dict.setdefault("orange")) # 返回 None
print(my_dict) # 输出 {'red': '红色', 'green': '绿色', 'blue': '蓝色
', 'orange': None}
```

最后一行代码输出的结果中已经包含了键 orange 与值 None，你可以使用 dict.setdefault("orange","橙色")测试默认值。

7.4.4 pop()方法

该方法用于删除字典元素，语法格式为

```
ret_value = dict.pop(key[,default])
```

dict.pop(key[,default])中的 key 表示必填参数，[]中的参数为非必填参数，这样就可以理解上面所讲的语法格式了。例如，

```
my_dict = { "red": "红色",
            "green": "绿色",
            "blue": "蓝色"}
# 删除指定项
ret_value = my_dict.pop('red')
# 输出被删除的红色
print(ret_value)
# 查看字典 {'green': '绿色', 'blue': '蓝色'}
print(my_dict )
```

在使用 pop()方法时，如果找到 key，就会删除该键值对；如果找不到 key，就会返回 defalut 设置的值；如果该值没有设置，就会报错。例如，

```
my_dict = { "red": "红色",
            "green": "绿色",
            "blue": "蓝色"}
# 删除指定项，如果没有设置，则找不到返回的值，直接报错
ret_value = my_dict.pop('red2')
# 删除指定项，找不到 key1 返回后面设置的值
ret_value = my_dict.pop('red1',"找不到返回的值")
```

8

Python中无序且元素唯一的数据类型——集合

8.1 集合是什么

在 Python 中，集合是一种数据类型，集合中每个元素的顺序不固定，但唯一。简单来说就是，集合中不允许出现重复元素。

集合中的元素内容必须是不可变类型的，例如整数、浮点数、字符串、元组等，可变类型的列表、字典、集合不可以放入集合中。

集合本身是可变的，跟列表一样可以增删元素。

8.1.1 集合的声明

我们已经学会了使用小括号来声明元组，使用中括号来声明列表，使用大括号来声明字典，那集合用什么符号进行声明呢？

Python 中用大括号来声明集合的。另外，也可以通过 set()函数建立集合。

集合定义的语法格式为

```
my_set = {元素1,元素2,…}
```

简单的代码示例为

```
my_set = {1, 2, 3, 3, 10, 4, 5, 6}
print(my_set)
```

数据输出后，在变量声明中重复的整数 3 只剩下 1 个了，这是因为集合中的元素是唯一的，如果出现重复，会被舍去。

如果在集合中使用了可变类型作为元素，则会报错，例如，

```
my_set = {1, 2, 3, [3, 10, 4, 5, 6]}
# 错误提示：TypeError: unhashable type: 'list'
print(my_set)
```

这里需要注意的是，空集合的声明不能使用{}——只用一个大括号表示的是空字典。声明一个空集合需要用到 set()函数。

8.1.2 set()函数定义集合

使用 set()函数可以定义集合，并且可以定义空集合。set()函数的参数可以是字符串、列表、元组。

下列代码通过 set()函数定义空集合。

```
my_dict = {}
my_set = set()
# 空字典
print(type(my_dict))
# 空集合
print(type(my_set))
```

set()函数将字符串转换成集合

set()函数也可以做强制转换，将其他类型的字符串转换成集合，例如，

```
my_set = set("my name is xiangpica")
print(my_set)
```

上面的代码还有一个作用，就是过滤重复元素，并且输出的顺序不定，即集合是无序的。

集合可以对元组去重

借助集合元素不允许重复的特性，可以实现一些特定的效果，例如元组去重。

```
my_tuple = ("apple", "orange", "orange", "pear", "banana", "food")
my_set = set(my_tuple)
print(my_set)
```

8.2 集合的操作

在学习集合相关操作前，需要学习表 8-1 中的符号。

表 8-1

符　号	含　义
&	交集
|	并集
-	差集
^	对称差集

接下来的内容类似线性代数里面的概念，即求集合的交、并、差集。

8.2.1 交集

交集（intersection）就是求两个集合共有的元素，例如，

```
my_set1 = {"apple", "orange", "pear", "banana", "food"}
my_set2 = {"apple", "orange", "pear"}
both = my_set1 & my_set2
print(both)
```

除了通过&符号，还可以通过集合的 intersection()方法完成交集操作，例如，

```
my_set1 = {"apple", "orange", "pear", "banana", "food"}
my_set2 = {"apple", "orange", "pear"}
both = my_set1.intersection(my_set2)
print(both)
```

8.2.2 并集

并集（union）就是取所有集合的所有元素，如果出现重复的元素则保留一个。使用符号 | 或者 union()方法完成并集操作，例如，

```
my_set1 = {"apple", "orange", "pear", "banana", "food"}
my_set2 = {"apple", "orange", "pear"}
```

```
both = my_set1 | my_set2
print(both)
```

下面的代码使用 union()方法完成集合的并集操作。

```
my_set1 = {"apple", "orange", "pear", "banana", "food"}
my_set2 = {"apple", "orange", "pear"}
both = my_set1.union(my_set2)
print(both)
```

8.2.3 差集

求集合差集（difference）的方法与前面所讲的交集、并集不同，它有先后顺序问题，例如属于 A 但不属于 B 表示为 A–B，同理，属于 B 但不属于 A 表示为 B–A。

差集的符号是–，可以使用 difference()方法进行运算，例如，

```
my_set1 = {"apple", "orange", "pear", "banana", "food"}
my_set2 = {"apple", "orange", "pear", "grape"}
# 求解属于 A，但不属于 B 的元素
dif1 = my_set1 - my_set2
print(dif1)
# 求解属于 B，但不属于 A 的元素
dif2 = my_set2 - my_set1
print(dif2)
```

8.2.4 对称差集

有 A 与 B 两个集合，如果想获得属于 A 或者 B 集合的元素，但又不要属于 A 且属于 B 的元素，就要用到对称差集（symmetric difference）了。

对称差集的符号是 ^，方法名是 symmetric_difference()，例如，

```
my_set1 = {"apple", "orange", "pear", "banana", "food"}
my_set2 = {"apple", "orange", "pear", "grape"}
dif = my_set1 ^ my_set2
print(dif)
```

上面的代码就会输出既不属于 A 也不属于 B 的元素，即对称差集。

8.3 集合的方法

8.3.1 集合的增删

add()方法可以在集合中增加元素，语法格式为

```
my_set.add(新增元素)
```

使用 add()方法有两点需要注意。

1. 新的元素如果在集合中已经存在，就不会被添加。

2. 集合是无序的，新增加元素的位置将不确定。

```
my_set = {"apple", "orange", "pear", "grape"}
my_set.add("new")
my_set.add("new")
print(my_set)
```

remove()方法可以删除集合中的元素，前提是该元素在集合中。如果删除不存在的元素，则会报错。例如，

```
my_set = {"apple", "orange", "pear", "grape"}
my_set.remove("apple")
print(my_set)
# 第二次删除报错，因为 apple 已经不在集合中
my_set.remove("apple")
print(my_set)
```

discard()方法可以删除集合元素，如果元素不存在，则不会报错。例如，

```
my_set = {"apple", "orange", "pear", "grape"}

my_set.discard("apple")
print(my_set)

my_set.discard("apple")
print(my_set)
```

pop()方法为随机删除一个元素，被删除的元素会被返回，所以可以用一个变量接收被删除的元素。如果集合为空，则 pop()方法会报错。例如，

```
my_set1 = {"apple", "orange", "pear", "grape"}
# pop 方法随机删除一个元素，将被删除的元素返回
```

```
var = my_set1.pop()
print(var)
# 空集合使用 pop 方法报错
my_set2 = set()
var = my_set2.pop()
print(var)
```

clear()方法删除集合内的所有元素，例如，

```
my_set1 = {"apple", "orange", "pear", "grape"}

my_set1.clear()
print(my_set1)
```

8.3.2 集合的其地方法

isdisjoint()方法用于判断两个集合是否存在相同元素，如果没有则返回 True，否则返回 False。例如，

```
my_set1 = {"apple", "orange", "pear", "grape"}
my_set2 = {"banana", "watermelon"}
# 两个集合没有相同元素
ret_bool = my_set1.isdisjoint(my_set2)
print(ret_bool) # 返回 True
my_set1 = {"apple", "orange", "pear", "grape"}
my_set2 = {"banana", "watermelon","apple"}
# 两个集合有相同元素
ret_bool = my_set1.isdisjoint(my_set2)
print(ret_bool)
```

issubset()方法用于判断一个集合是否是另一个集合的子集，如果是则返回 True；否则返回 False。例如，

```
my_set1 = {"apple", "orange", "pear", "grape"}
my_set2 = {"banana", "watermelon"}
# 第二个集合不是第一个集合的子集
ret_bool = my_set2.issubset(my_set1)
print(ret_bool) # 返回 False
# 第二个集合是第一个集合的子集
my_set1 = {"apple", "orange", "pear", "grape"}
my_set2 = {"orange","apple"}
ret_bool = my_set2.issubset(my_set1)
print(ret_bool) # 返回 True
```

判断 A 是否是 B 的子集，格式是 A.issubset(B)，注意编写代码时顺序别搞错。

issuperset()方法用于判断一个集合是否是另一个集合的父集，与 issubset()恰好相反，具体实现依旧请你独立完成。

update()方法用于将一个集合的元素添加到另一个集合内，语法格式为

```
被添加的集合 A.update(待添加的集合 B)
```

谁在前就添加给谁，例如，

```
my_set1 = {"apple", "orange", "pear", "grape"}
my_set2 = {"banana", "watermelon"}
my_set1.update(my_set2)
print(my_set1)
```

另外，还有其他一些方法。

◎ intersection_update()方法用于求多个集合的交集。

◎ difference_update()方法删除集合内与另一集合重复的元素。

◎ symmetric_difference_update()方法类似对称差集的用法。

8.4 集合可用的内置函数和冻结集合

内置函数 max()、min()、sum()

内置函数 max()、min()、sum()在集合上与列表的使用规则一致，请自行完成测试。

内置函数 len()

内置函数 len()用于获取集合元素的数量。

内置函数 sorted()

使用内置函数 sorted()可以对集合进行排序。

冻结集合 frozenset()

不可添加和删除元素的集合叫作冻结集合，可以与元组知识对照学习。

9

函数是Python基础部分的第一道难关

9.1　函数出现的背景

为什么在编程语言中会出现函数概念？原因有两个。

1．很多项目都是由团队开发的，把代码功能编写成一个个的函数，既方便维护，也方便每个人相对独立地开发，缩短整体开发时间。

2．代码编写成函数后，重复的功能只写一次即可，其他地方可以直接调用，方便对代码进行复用。

了解了这两个原因，如果还是没有直观的感受，就要在代码中感受函数的魅力了。

9.2　函数初接触

从本书的第 1 章开始，我们就已经接触函数的概念了，例如第 1 章的 print()函数就是一个内置函数，相似的还有 len()、add()、sorted()等。调用函数最大的便捷性在于，用户不需要知道函数内部的具体实现就可以用它实现自己的目的。

9.2.1　函数的定义

具体的语法格式为

```
def 函数名称(参数1[,参数2,参数3…]):
    代码块
    代码块
    return 返回值
```

与 if 语句、for 语句一样，在定义和使用函数时要注意代码块缩进，还要注意函数声明第一行末尾的冒号。

函数名称必须唯一，并且要有意义，不要使用 a 作为函数名，这种无意义的名称容易让人忘记函数的作用。

参数声明，非必须，根据函数的要求自行设定即可，各个参数值之间用英文逗号分隔。

返回值，非必须，返回多个值使用英文逗号分隔即可。

9.2.2 无参数无返回值的函数

这里演示一下使用该函数的便捷性。

```
# 创建一个函数
def show():
    print("我是一个无参数无返回值的函数")
    print("hello world")

show()
show()
show()
show()
show()
```

函数声明之后，通过“函数名()”这种方式进行调用，上面的代码中出现了 5 次 show()，表示函数被调用了 5 次。

如果不通过函数实现上面的效果，则需要将函数内部的代码复制 5 次。

```
print("我是一个无参数无返回值的函数")
print("hello world")
print("我是一个无参数无返回值的函数")
print("hello world")
print("我是一个无参数无返回值的函数")
print("hello world")
print("我是一个无参数无返回值的函数")
print("hello world")
```

```
print("我是一个无参数无返回值的函数")
print("hello world")
```

单纯地复制代码还好，如果你希望将 hello 修改成 hi，那么不使用函数时需要修改 5 处代码，而使用函数时则只需要修改 1 处代码。

9.3 函数的参数设计

9.2.2 节设计的是一个无参数的函数，在实际应用中很少出现这样的函数，更多的时候是需要为函数传递参数的。

9.3.1 传递一个参数

当函数声明携带一个参数时，可参考下列代码。

```
# 声明一个带一个参数的函数
def show(name):
   print("传递进来的姓名是：", name)

show("橡皮擦")
show("大橡皮擦")
show("小橡皮擦")
```

小括号里面的 name 即为参数，该参数（变量）能在函数内部代码块直接使用。

9.3.2 传递多个参数

当函数声明中有多个参数时，只需要在小括号里面多增加几个参数。例如，

```
# 声明一个带多参数的函数
def show(name, age):
   print("传递进来的姓名是：", name, " 年龄是：", age)
show("橡皮擦", 20)
show("大橡皮擦", 21)
show("小橡皮擦", 18)
```

当遇到多个参数时，一定要注意参数的位置，如果前后顺序错误，就会导致严重的 Bug。在上面的代码中，“橡皮擦”会传递给 name，20 会传递给 age。

9.3.3 关键词参数

关键词参数使用的方式是，在调用函数时用“参数名称=值”这种形式传递。在 9.3.1 节和 9.3.2 节传递一个和多个参数时，也可以使用该方式，例如，

```
# 声明一个带一个参数的函数
def show(name):
    print("传递进来的姓名是：", name)
show(name="橡皮擦")


# 声明一个带多参数的函数
def show1(name, age):
    print("传递进来的姓名是：", name, " 年龄是：", age)
show1(name="橡皮擦", age=20)
```

对于调用使用关键词参数的函数，参数的位置不再重要，因为已指定了参数的对应关系。

9.3.4 参数默认值

在定义函数时，可以为参数设定一个默认值。如果调用该函数时没有为该参数赋值，程序就会使用默认值而不报错。例如，

```
# 没有默认值的参数
def show(name):
    print("传递进来的姓名是：", name)
show() # 该函数调用时会报错
# 有默认值的参数
def show(name="橡皮擦"):
    print("传递进来的姓名是：", name)
show() # 该函数调用没有问题，即使没有传递参数会使用默认值
```

如果一个参数有默认值，那么该参数必须放在函数参数位置的最右侧，例如下面的函数定义。

```
def show(a,b,c,name="橡皮擦"):
    pass
```

9.4 函数返回值

函数的返回值属于非必选项，可写可不写，不写的时候也会有返回值，该值为 None。

9.4.1 返回 None

如果函数没有写返回值，只有一个关键字 return，那么 Python 会自动在函数体内增加一行代码 returnNone。函数的返回值可以赋值给一个变量，通过打印该变量，即可知道返回的具体内容。例如，

```
# 没有返回值的函数
def show():
    print("注意下面没有 return")
ret = show()
print(ret)
```

得到的 ret 的值是 None，表示没有返回值。

如果只写 return，那么也会返回 None，即下列代码是正确的。

```
# 没有返回值的函数
def show():
    print("注意下面没有 return")
    return
ret = show()
print(ret)
```

9.4.2 返回一个值

通常函数是有返回值的，例如执行一段计算代码之后返回计算结果。

```
# 定义一个减法函数
def sub(a, b):
    c = a - b
    return c
# 参数为 2 和 1，将结果进行返回
ret = sub(2, 1)
print(ret)
```

9.4.3 返回多个值

使用 return 返回函数时，可以一次性返回多个值，返回的值之间用逗号分隔即可。例如，

```
# 定义一个减法函数
def sub(a, b):
    c = a - b
    d = a + b
```

```
    f = a / b
    return c, d, f
# 参数为 2 和 1，将结果进行返回
ret = sub(2, 1)
print(ret)
```

返回的结果是一个元组 (1, 3, 2.0)。

9.4.4 返回字典与列表

函数可以返回字符串类型的变量，这与返回一个值一样，只是数据类型上有区别。此外，函数也可以返回比较复杂的数据，例如字典或者列表，你只需要将字典和列表看成普通数据类型返回即可。例如下列代码，

```
def sub1():
return [1, 2, 3]
def sub2():
return {"name": "橡皮擦", "loc": "某博客"}
```

9.5 调用函数时参数是列表

为什么单独将这个知识点拿出来说明？这是因为列表类型的参数有点特殊，里面会引出全局变量与局部变量的概念，在进行本阶段学习时，尽可能去理解，因为这个知识点确实有点绕。如果你有其他编程语言的功底，则另当别论。

例如下列代码，注意看出现的问题。

```
names = ["aaa","bbb","ccc"]
def change_list(one_names):
    # 修改传递进来的列表索引 0 的位置上为 jjj
    one_names[0] = "jjj"

# 函数调用，同时将 name 作为参数传递进函数内部
change_list(names)
print(names)
```

最终的输出结果是['jjj', 'bbb', 'ccc']，这表示函数外面的 names 被函数修改了。此处会延伸出一个知识点——所有在函数外面的变量传递到参数内部都会被修改吗？换个整数试试。

```
score = 1
def change_list(one_score):
```

```
    one_score = 333
# 函数调用，同时将 score 作为参数传递进函数内部
change_list(score)
print(score)
```

此时 score 虽然在函数内部被修改为了 333，但是在函数外并没有被修改，还是 1。

现在问题出现了，Python 并不是一视同仁的，在函数内修改列表类型的变量会影响到外部变量，而修改整型变量不会。

为什么在函数内修改列表，函数外也会受到影响呢？这就涉及内存地址空间这些更底层的概念了，这些高级知识先放一下，下面学习局部变量与全局变量。

9.6 局部变量与全局变量

这个概念在初学阶段非常难理解，所以学习的时候可以从全局上了解一下。

在设计函数时，有时需要控制变量的使用范围，如果变量的使用范围在函数内部，这个变量就叫作局部变量，注意这里说的是函数内部。如果某个变量的使用范围为整个程序，这个变量就是全局变量。

全局变量在所有函数中都能用，例如，

```
score = 1
def change_list():
    # 输出全局变量 score，因为这个变量是在函数外面声明的，所以大家都可以用
    print(score)
change_list()
# 在函数外面也可以使用
print(score)
```

上面的 score 并未在函数内部声明，但是函数内部也可以访问到，那么这个函数外面的变量 score 就是全局变量。

局部变量在函数外部和其他函数中不能使用，例如。

```
def change_list():
    # 局部变量 score，本函数可以用
    score = 1
    print(score)
change_list()
```

```
# 局部变量 score，在函数外面不可以使用
print(score)
# 其他函数内部也不可以使用
def show():
    print(score)
```

在程序设计时很容易出现局部变量和全局变量重名的情况，对于初学者而言，排查难度就会增大。例如，

```
score = 5555
def change_list():
    # 局部变量 score，本函数可以用
    score = 6666
    print(score)
change_list()
# 外面使用的全局变量 score
print(score)
```

执行上面的代码可以发现，在函数外使用的是全局变量的值 5555，在函数内部使用的是局部变量的值 6666。

学习了以上基础知识，你应该了解变量的使用范围这个概念了。在讲解面向对象编程时，还将继续讲解相关内容。

9.7 传递任意数量的参数

9.7.1 普通参数与任意参数的组合

在编写 Python 代码的过程中，很容易出现的一种情况是不知道函数有多少个参数，使得在定义函数时不好预先设定参数，好在 Python 设计者已经想到了这个问题。例如，

```
def show(*keys):
    print("传入的参数可以循环打印")
    for key in keys:
        print(key)
show(1,2,3,4,5,6,7)
```

在定义函数时，参数位置使用*参数名，然后在函数体的“代码块”位置可以进行循环打印并捕获任意数量的参数。

如果在函数声明时有普通参数，也有不定数量的参数怎么办？那就使用下面的格式。

```
def show(name,age,*keys):
    print("传入的参数可以循环打印")
    print(name)
    print(age)
    for key in keys:
        print(key)
show("www",18,1,2,3)
```

上面代码的规律是，函数调用时先依次匹配函数定义的参数，一一对应，如果对应完毕发现没有普通参数了，那么剩下的所有参数都打包给*keys。

不要写两个带*的参数，例如 def show(name,*keys,*keys1)，这样会直接报错。

9.7.2 普通参数与任意数量的关键词参数

参数里面还有一种情况是需要传不定数量的关键词参数，这又如何设计呢？请看下列代码。

```
def show(**args):
    print("传入的参数可以循环打印")
    for key in args.items():
        print(key)
show(name="橡皮擦", age=18)
```

对于这种情况，传递进去的所有参数会自动聚合成一个字典类型的数据。

如果与普通参数进行匹配，规则也非常简单。例如，

```
def show(name,**args):
    print("传入的参数可以循环打印")
    print(name)
    for key in args.items():
        print(key)
show(name="橡皮擦", age=18)
```

上面的代码先匹配关键词参数，如果匹配成功就赋值到对应的关键词上。例如上面的 name 变量在函数调用时赋值了“橡皮擦”，它就等于“橡皮擦”，其余的（例如 age）没有关键词参数对应，只好打包给**args 了。

9.8 函数的扩展学习

本章仅对函数五成的内容进行了讲解，在 Python 中，还有很多关于函数的有趣的知识点。

延期学习的知识点如下。

◎ 递归函数。

◎ 匿名函数。

◎ 高阶函数。

还有一个知识点现在就可以扩展：我们已经学习了各种形式的参数，你有没有想过将它们组合在一起呢？例如，

```
def show(name, age, sex="男", *arg, **args):
    print("传入的参数可以循环打印")
    print(name)
    for key in args.items():
        print(key)
show("橡皮擦", 18, "女", like=99)
```

def show(name,age,sex=“男”，*arg,**args)在程序中是怎么解析的呢？可不可以变动参数顺序呢？

10

Python面向对象的编程

10.1 类的定义与使用

准确地说，Python 也是一门面向对象编程（OOP）的语言，通过对本书前面章节的学习，你已经知道 Python 中的所有数据类型都是对象，除了内置的对象，Python 还允许开发者自定义数据类型，这种数据类型就是类。

类的定义语法格式为

```
class MyClass():
    代码块
    …
    代码块
```

类名的第一个字母建议大写，例如语法格式中的 MyClass。

10.1.1 定义类、属性与方法

类的内部包含属性与方法，接下来定义一个 Person 类。

```
# 定义人类
class Person():
    # 类的属性
    name = "橡皮擦"
    # 类的方法
    def talk(self):
        print("say hello")
```

在上面的代码中，Person 是类名称，在这个类中定义了一个属性和一个方法。在类的内部定义方法与定义函数非常相似，需要注意的是，在类内部定义的函数一般不再叫作函数，而是叫作方法，并且只有类的对象才可以调用该方法。

注意，定义方法时有一个参数 self，请牢记它是固定写法，在类内部所有的方法参数中，都要写上 self 这个关键字（有特殊情况，后续章节对此会有讲解）。

10.1.2 属性与方法的调用

在调用属性与方法之前，必须先声明一个类对象（这个操作也叫作实例化），实例化类之后就出现了类的对象，语法格式为

```
对象 = 类名()
```

例如，刚才已经定义好了一个 Person 类，使用下列代码可以获取该 Person 类的对象。

```
# 实例化对象
xiang = Person()
```

定义完对象就可以使用其属性和方法了，例如，

```
class Person():
    # 类的属性
    name = "橡皮擦"
    # 类的方法
    def talk(self):
        print("say hello")

user = Person()
# 输出对象
print(user)
# 输出对象的属性
print(user.name)
# 输出对象的方法
user.talk()
```

代码运行之后，输出结果为

```
<__main__.Person object at 0x000002465F364B70>
橡皮擦
say hello
```

在上面的代码中，变量 user 是 Person 类的一个对象，通过 user 对象可以读取 Person 类内

的 name 属性和 talk()方法。

如果类还有其他属性和方法，那么使用相同的方式读取。

10.1.3 类的构造函数

我们再提高一些难度，在建立类的同时加一些数据进去，也就是初始化类，具体内容是在类的内部编写一个方法，而且该方法是一个特殊方法，在实例化类对象时会自动执行这个方法。

初始化方法名称是固定的__init__，该方法在 init 左右各有两个下画线。类的初始化方法称为构造函数。

接下来编写一段代码，当定义一个类的对象时，默认为 Person 类的属性 name 赋值。

```
class Person():
    # 类的属性
    name = "橡皮擦"
    # 构造函数
    def __init__(self, in_name):
        self.name = in_name
    # 类的方法
    def talk(self):
        print("say hello")


user = Person('teacher')
# 输出对象
print(user )

# 输出对象的属性
print(user .name)
# 输出对象的方法
user .talk()
```

上面的代码做了一些简单的变动，首先加入构造函数__init__()。

注意，构造函数的参数有两个，一个是 self，其在类内部定义函数时是必须的，并且需要放在参数的最左边，Python 在定义一个类的对象时会自动传入这个参数。self 代表类本身的对象。

构造函数中还有一个参数 in_name，如果在构造函数中有除 self 外的其他参数，那么在定义 Person 对象时，必须传递该参数，传递进来的该参数通过 self.name 可以修改对象的属性。

说起来很绕，其实很简单，例如下列代码。

```
obj1 = Person()
obj2 = Person()
```

上面的代码定义了两个对象，都是依据类 Person 定义的，self 这个参数在类的内部表示具体的对象。

如果还不理解，那么没有关系，请记住下面这段话。

类声明之后，相当于定义了一个数据类型，你可以使用该种数据类型的变量，只是在面向对象的背景下，这个变量被称为对象了；对象可以调用类的属性和方法，一个类对应多个对象，那么如何判断具体是哪个对象在调用类内部的属性或者方法呢？这时就需要用到 self 这个参数了。

10.1.4 属性初始值

之前，在类内部设定一个初始值是直接用 name="橡皮擦"来完成的，在学习完构造函数后，你应该了解 Python 的初始化数据一般是放在_ _init_ _()方法内完成的。例如，

```
class Person():
    # 构造函数
    def __init__(self, in_name, in_age):
        # 属性的初始化
        self.name = in_name
        self.age = in_age

    # 类的方法
    def talk(self):
        # 类中的属性，在初始化之后可以通过 self.name 调用
        print(self.name)
        print("say hello")

    def show_age(self):
        # 通过 self.age 调用初始化的年龄
        print(self.age)

user = Person('teacher', 19)
# 输出对象
print(user)
```

```
# 输出对象的属性
print(user.name)
# 输出对象的方法
user.talk()
```

10.2 封装

接下来要学习的是面向对象的三个基本特征之一，封装。

对于封装，简单理解就行，初学阶段千万不要钻进去。

前面使用的属性和方法都可以通过对象在类的外部访问，这些叫作公有属性和公有方法，但有时类内部的属性和方法不希望被外部对象修改，这就需要引入私有属性和私有方法相关概念了，这种概念的引入导致了封装概念的出现。

封装就是封住类内部的东西，不允许别人随便调用（真实情况是，在 Python 中有其他方法可以调用到私有属性或方法）。

10.2.1 私有属性

在类内部定义私有属性非常简单，只需在属性前加两个下画线即可，即__name。

例如在 Persen 类中定义一个秘密变量为私有属性。

```
class Person():
    # 构造函数
    def __init__(self, in_name, in_age):
        # 属性的初始化
        self.name = in_name
        self.age = in_age
        self.__secret = "我有代码洁癖" # 私有属性
    # 类的方法
    def talk(self):
        # 类中的方法，可以访问到私有属性
        print(self.__secret)
        print("say hello")
    def show_age(self):
        print(self.age)
user = Person('teacher', 19)

# 尝试输出对象的私有属性
```

```
print(user.__secret)  # 报错
# 尝试通过类的方法输出私有属性
user.talk()
```

类的内部初始化好私有属性之后，会发现通过“对象.属性名”无法调用私有属性，但是在类的内部是可以使用私有属性的，这种操作就叫作封装属性。

10.2.2 私有方法

有私有属性，必然有私有方法，这两个形式是一样的，在方法前加两个下画线就是私有方法了。例如，

```
class Person():
    # 构造函数
    def __init__(self, in_name, in_age):
        # 属性的初始化
        self.name = in_name
        self.age = in_age
        self.__secret = "我有代码洁癖" # 私有属性

    # 类的方法
    def talk(self):
        # 类中的方法，可以访问到私有属性
        print(self.__secret)
        print("say hello")
    # 类的私有方法
    def __show_age(self):
        print(self.age)
user = Person('teacher', 19)
# 尝试输出对象的私有属性
# print(user.__secret)  # 报错
# 尝试通过类的方法输出私有属性
user.__show_age() # 报错
```

在学习阶段需要特别注意报错的内容，能记住就记住，熟练找到代码错误的前提就是碰到的代码错误足够多。

10.3 继承

在学习继承概念之前，需要明确，类是可以继承的，其中被继承的类称为父类或者基类，

继承的类称为子类或者衍生类。使用类继承最大的好处就是，父类实现的公有属性或者方法在子类中不用重新设计。

该内容直接看概念是很难理解的，先看一下语法格式。

```
# 定义个父类
class BaseClassName():
    父类的代码块

class ChildClassName(BaseClassName):
    子类的代码块
```

继承类的时候，括号内放置父类的名称。

10.3.1 继承的简单应用

声明一个动物类，然后让狗类继承动物类。动物类有一个公有属性叫作 name，一个公有方法叫作 sleep()。具体代码为

```
# 定义 Animal 类
class Animal():
    def __init__(self):
        self.name = "动物名称"

    def sleep(self):
        print("动物都会睡觉")

# Dog 类继承自 Animal 类
class Dog(Animal):
    pass

dog = Dog()
print(dog.name)
dog.sleep()
```

上面代码中的 Dog 类没有任何属性和方法，只是继承了 Animal 类，就拥有了 Animal 类的公有属性和方法。

对于该继承方式，子类无法直接读取父类的私有属性或者方法，即下列代码是错误的。

```
# 定义 Animal 类
class Animal():
    def __init__(self):
```

```
        self.name = "动物名称"
        self.__secret = "秘密"

    def sleep(self):
        print("动物都会睡觉")

# Dog 类继承自 Animal 类
class Dog(Animal):
    pass

dog = Dog()
print(dog.__secret)
dog.sleep()
```

10.3.2 子类与父类有相同名称的属性或方法

在程序编写时，子类也可以有自己的初始化方法，即__init__()方法，在这种情况下会出现子类中的属性名、方法名与父类相同的情况，此时以子类中的属性值或方法为主。例如，

```
# 定义 Animal 类
class Animal():
    def __init__(self):
        self.name = "动物名称"
        self.__secret = "秘密"

    def sleep(self):
        print("动物都会睡觉")

# Dog 类继承自 Animal 类
class Dog(Animal):
    def __init__(self):
        self.name = "狗"

    def sleep(self):
        print("狗会睡觉")

# 父类的对象
animal = Animal()
animal.sleep()

# 子类的对象
dog = Dog()
dog.sleep()
```

该内容扩展开就是面向对象编程的三大特征的最后一个：多态。

10.3.3 子类用父类的方法

使用 super()函数可以在子类中调用父类的方法，具体代码为

```
# 定义 Animal 类
class Animal():
    def __init__(self, a_name):
        self.name = a_name
        self.__secret = "秘密"

    def sleep(self):
        print("动物都会睡觉")

    def show(self):
        print("现在传递进来的名称为" + self.name)

# Dog 类继承自 Animal 类
class Dog(Animal):
    def __init__(self, a_name):
        # 调用父类对象的普通方法
        # super().sleep()
        super().__init__("动物名称" + a_name)

# 父类的对象
animal = Animal("普通动物")
animal.show()

# 子类的对象
dog = Dog("大狗狗")
dog.show()
```

在 Dog 类的构造函数中通过 super()._ _init_ _("动物名称" +a_name)修改了传递给父类的参数，这就相当于通过 super()函数生成一个父类的对象，然后调用父类的_ _init_ _()方法，实现对父类的初始化操作。

10.4 多态

简单理解多态就是父类和子类有相同的方法，通过父类、子类创建出的对象调用相同的方法名出现不同的结果。更多的情况是，多态是程序根据对象自动调用指定的方法，具体代码实

现如下。

首先定义一个函数，该函数声明一个参数即可。

```
def gogo(obj):
    obj.say()
```

该函数的参数可以为任意数据类型的对象，然后定义两个类，这两个类中需都存在 say()方法。

```
class Dog():
    def say(self):
        print("汪汪汪")

class Cat():
    def say(self):
        print("喵喵喵")

# 该函数会通过传进的对象进行判断是调用哪个方法。
def gogo(obj):
    obj.say()

# 通过 Dog 定义一个对象
dog = Dog()
# 通过 Cat 定义一个对象
cat = Cat()
# 在 gogo 函数中传递 dog 对象
gogo(dog)
# 在 gogo 函数中传递 cat 对象
gogo(cat)
```

当传入函数体内的对象有变化时，上面的代码会输出不同的数据。这种代码编写形式或者叫代码的设计思路就是多态的一种表现。

多态的概念可以简单理解为因对象不同导致同一方法实现的内容不同。

10.5 多重继承

前面讲解的都是单一继承关系，在实际编写代码的过程中会经常用到多重继承，即一个类继承多个父类，语法格式为

```
class 子类名称(父类1,父类2,父类3…):
```

```
类的代码块
```

对于多重继承，掌握一句话即可：写在前面的父类比写在后面的父类优先级要高，如果父类中出现了同一个方法，那么子类优先选择前面的父类，即上面语法格式中的父类 1。

10.6 对象的数据类型判断

使用 type()函数可以判断某对象的数据类型，例如下列代码。

```
class Dog():
    def say(self):
        print("汪汪汪")

class Cat():
    def say(self):
        print("喵喵喵")

# 通过 Dog 定义一个对象
dog = Dog()
# 通过 Cat 定义一个对象
cat = Cat()
print(type(dog))
print(type(cat))
```

输出结果为

```
<class '__main__.Dog'>
<class '__main__.Cat'>
```

type() 函数可以获取对象的来源类。

10.7 isinstance()函数

isinstance()函数可以判断对象是否属于某一个类，语法格式为

```
# 如果对象是由类实例化而来，返回 True，否则返回 False
isinstance(对象,类)
```

该函数还可以判断出一个对象是否实例化自父类，例如。

```
# 父类
class Animal():
```

```
    pass

# 子类
class Dog(Animal):
    def say(self):
        print("汪汪汪")

# 子类
class Cat(Animal):
    def say(self):
        print("喵喵喵")

# 通过 Dog 定义一个对象
dog = Dog()
# 通过 Cat 定义一个对象
cat = Cat()

print(isinstance(dog,Dog)) # True
print(isinstance(dog,Animal)) # True
print(isinstance(cat,Animal)) # True
```

10.8 特殊属性、方法

在之前的章节中，使用 dir()函数作用于某一对象，会得到如图 10-1 所示的内容。

```
['__abs__', '__add__', '__and__', '__bool__', '__ceil__', '__class__', '__delattr__', '__dir__', '__divmod__', '__doc__', '__eq__',
'__float__', '__floor__', '__floordiv__', '__format__', '__ge__', '__getattribute__', '__getnewargs__', '__gt__', '__hash__',
'__index__', '__init__', '__init_subclass__', '__int__', '__invert__', '__le__', '__lshift__', '__lt__', '__mod__', '__mul__',
'__ne__', '__neg__', '__new__', '__or__', '__pos__', '__pow__', '__radd__', '__rand__', '__rdivmod__', '__reduce__',
'__reduce_ex__', '__repr__', '__rfloordiv__', '__rlshift__', '__rmod__', '__rmul__', '__ror__', '__round__', '__rpow__',
'__rrshift__', '__rshift__', '__rsub__', '__rtruediv__', '__rxor__', '__setattr__', '__sizeof__', '__str__', '__sub__',
'__subclasshook__', '__truediv__', '__trunc__', '__xor__', 'bit_length', 'conjugate', 'denominator', 'from_bytes', 'imag',
'numerator', 'real', 'to_bytes']
```

图 10-1

其中，存在大量的_ _xxxxx_ _内容，这些就是对象中特殊的属性和方法。

例如，_ _doc_ _用来获取文档字符串。

如果一个类中声明了文档字符串，即在类的开始用三引号（"""）定义了一些内容，例如下列代码，

```
class Animal():
    """
```

```
    我是文档字符串，相当于一个类的说明部分，其实我有标准的格式
    橡皮擦在第一遍滚雪球的时候，就是不愿意写
    """
    pass

animal = Animal()
print(animal.__doc__)
__name__ 属性
```

那么使用__doc__即可获取这些内容。

这里留一道思考题：自行查阅__name__属性的作用。如果你通过搜索就可以找到答案，那么以后看到下面的代码就不会问为什么了。

```
if __name__ == '__main__':
    执行某些代码
```

11

Python模块的设计与应用

11.1 将函数放到模块中

模块是一个概念，它包含 1~*N* 个文件，如果文件中是 Python 代码，那么每个文件中都可以包含函数、类等内容。

在公司工作，很多项目都是通过协作开发来完成的。一个项目的背后有多名工程师，为了开发方便，每个人负责的功能函数或者类都尽量封装在一个模块中，模块的英文是 module，有的地方叫作库，也有的地方叫作包（package），初学者当成相同的知识点记忆即可。

互联网上存在大量的开源模块，这些模块最大的优势就是免费，很多时候使用这些模块能极大地提高编码效率，这也是很多人喜欢 Python 的原因之一。

不能按照语法结构来学习模块，它是一种抽象的知识，是一种代码的设计方式，例如将写好的函数放到模块中。

```
# 声明一个宫保鸡丁的函数
def kung_pao_chicken(*ingredients):
    """
    这个函数用于输出宫保鸡丁的主料
    """
    print("宫保鸡丁的主料有：")
    for item in ingredients:
        print(item)
```

```
# 声明一个鱼香肉丝的函数
def yu_shiang_shredded_pork(**args):
    """
    函数目的是获取用户输入的参数
    """
    print("鱼香肉丝需要啥")
    for item in args.items():
        print(item)
```

上面的代码声明了两个函数。

接下来就将上面的函数整合到一个模块中去，建立一个新的文件 stir_fry.py，然后将两个函数复制到新的文件中。

好，任务完成，一个模块创建完毕了，这个 stir_fry.py 文件就是一个模块。

你现在肯定满脑子问号，这就完了？是的，一个低配模块完成。

下面就可以使用这个模块了。

11.2 应用函数模块

11.2.1 import 导入模块

在另一个文件中，可以通过“import 模块名”导入一个模块，例如导入刚才创建的 stir_fry 模块。

注意，新建一个文件，文件不要与模块同名。例如，

```
# 注意，导入模块的语法格式要求不能在文件名中使用中画线，所以当被导入模块的文件名中有中画线时，需要使用下画线代替。
import  stir_fry
```

如果想使用模块中的函数，那么只需参考下面的语法格式。

```
模块名.函数名称()
```

例如，通过 stir_fry 调用模块中的函数。

```
import stir_fry

stir_fry.kung_pao_chicken("黄瓜", "胡萝卜", "鸡胸肉", "花生米")
```

```
stir_fry.yu_shiang_shredded_pork(old="橡皮擦的鱼香肉丝放鱼", new="大佬的鱼香肉丝不放鱼")
```

在通过 import stir_fry 导入模块后，该模块内的所有函数都一次性导入新文件中了。

11.2.2 导入模块的某个函数

如果不想导入模块的所有函数，而只导入某一具体函数，使用下面的语法即可解决该问题。

```
from 模块名 import 函数名
```

例如，修改 11.2.1 节案例。

```
from stir_fry import kung_pao_chicken

kung_pao_chicken("黄瓜", "胡萝卜", "鸡胸肉", "花生米")
# 下面的函数无法调用，因为未导入
yu_shiang_shredded_pork(old="橡皮擦的鱼香肉丝放鱼", new="大佬的鱼香肉丝不放鱼")
```

不需要通过“模块名.”的方式调用，直接书写函数名即可直接导入模块中的函数。

相似地，导入模块中多个函数的语法格式为

```
from 模块名 import 函数名1,函数名2,…
```

11.2.3 as 别名

通过模块导入函数时会发现一个问题：函数名太长怎么办？除了名称太长，还存在一种情况，即模块中的函数名与当前文件中函数名存在重名的风险。

此时就涉及一个新的知识点，即通过 as 为模块导入进来的函数起别名，然后在该文件中使用别名编写代码。

语法格式为

```
from 模块名 import 函数名 as 别名
```

应用到 11.2.2 节的案例中，具体代码为

```
from stir_fry import kung_pao_chicken as pao

pao("黄瓜", "胡萝卜", "鸡胸肉", "花生米")
```

as 别名也可直接作用于模块，语法格式为

```
import 模块名 as 别名
```

11.3 将类放到模块中

随着程序设计变得越来越复杂，只把函数放到模块中已经不能满足要求了，需要将更高级的内容放到模块中，这就是类。

例如，首先在 dog_module.py 文件中定义一个类。

```
class Dog():
    def __init__(self):
        self.name = "小狗"

    def say(self):
        print("汪汪汪")
```

此时的 dog_module 就是模块的名称，而在该模块中只有一个类 Dog。其实也可以在该模块中多创建几个类，例如，

```
class Dog():
    def __init__(self):
        self.name = "小狗"

    def say(self):
        print("汪汪汪")

class Cat():
    def __init__(self):
        self.name = "小猫"

    def say(self):
        print("喵喵喵~")
```

11.3.1 import 导入模块

与导入模块函数部分的知识点相同，如果希望导入一个模块，那么可以直接通过下面的语法格式实现。

```
import 模块名
```

若要使用模块中的类，则语法格式如下。

```
模块名.类名
```

11.3.2 导入模块中的类

导入模块中的类和导入模块中的函数语法是一样的。

例如，新建一个 demo.py 文件，在该文件中导入 dog_module 模块中的类。

```
# 导入 dog_module 模块中的 Dog 类
from dog_module import Dog

dog = Dog()
dog.say()
```

从模块中导入多个类与函数的导入方式是一样的，语法格式为

```
from 模块名 import 类名1,类名2,类名3…
```

导入模块中所有类的语法格式为

```
from 模块名 import *
```

学到这里，你应该已经发现导入模块中的函数与导入模块中的类，从代码编写的角度几乎看不出区别，对比着学习即可。

另外，导入类的时候也可以应用别名，同样使用 as 语法。

11.4 常见模块

学习到这里你对模块是什么、模块怎么用已经有了一个基本认知，接下来不用自己写一个特别完美的模块，先把一些常见的模块应用起来。

11.4.1 随机数 random 模块

通过随机数模块可以获取一个数字，它的使用场景非常广，例如游戏相关开发、验证码、抽奖等，利用随机数模块可以完成一些非常经典的小案例。

randint()方法

导入随机数模块之后，可以通过 randint()方法随机生成一个整数，例如下列代码。

```
import random # 导入随机数模块
```

```
num = random.randint(1,10)
print(num)
```

反复运行代码会得到一个 1~10 之间的数字，由此可以了解 randint()方法中各个参数的含义。

```
randint(min,max) # min 最小值，max 最大值
```

你可以尝试给 randint()方法起一个别名吗？

choice()方法

通过 choice()方法可以配合列表实现一些效果，choice()方法可以随机返回列表中的一个元素。例如，

```
import random  # 导入随机数模块

play = random.choice(["足球", "篮球", "乒乓球", "棒球"])
print(play)
```

说到 choice()方法的具体用法，还记得怎么查询吗？

```
import random  # 导入随机数模块

print(help(random.choice))
```

shuffle()方法

该方法可以将一个列表的顺序打乱，例如，

```
import random  # 导入随机数模块

my_list = ["足球", "篮球", "乒乓球", "棒球"]
random.shuffle(my_list)
print(my_list)
```

本节简单挑选了 random 模块中的三个方法做了说明，后面将为每个模块单独设置一节的篇幅进行介绍。

11.4.2 时间模块

时间模块是 Python 中非常重要的一个内置模块，很多场景都离不开它。内置模块就是 Python 安装好之后自带的模块。

time()方法

时间模块主要用于操作时间，time()方法有一个 time 对象，使用该方法之后，可以获取从 1970 年 1 月 1 日 00:00:00 到现在的秒数，一般称为时间戳。例如，

```
import time

print(time.time())
```

输出结果为

```
1606810686.3747146
```

sleep()方法

该方法可以让程序暂停，其参数的单位是秒。

语法格式为

```
import time
time.sleep(10) # 程序暂停 10 秒再执行
```

asctime()与 localtime()方法

这两个方法都可以返回当前系统时间，只是展示的形式不同。

```
import time

print(time.asctime())

print(time.localtime())
```

Python 还内置了很多模块，例如 sys 模块、os 模块、json 模块、pickle 模块、shelve 模块、xml 模块、re 模块、logging 模块等，后续都将逐步学习。

12

Python文件读取与写入

12.1　文件夹和文件路径

计算机文件的操作是任何一门编程语言都会涉及的知识，本书主要围绕 Windows 操作系统上的文件操作进行说明，如果你使用的是其他操作系统，请学习相应的操作方式。

你可能对计算机文件和文件夹已经比较熟悉了，但是对文件路径的概念可能比较模糊，本章先介绍一下文件路径的相关问题。

打开计算机上任一文件夹，在资源管理器所示位置出现的字符串地址就是文件路径，如图 12-1 所示，对于计算机上任一文件都可以用“文件路径+文件名”的方式访问。

```
C:\Users\Administrator\Desktop\书籍封面\abc.png
```

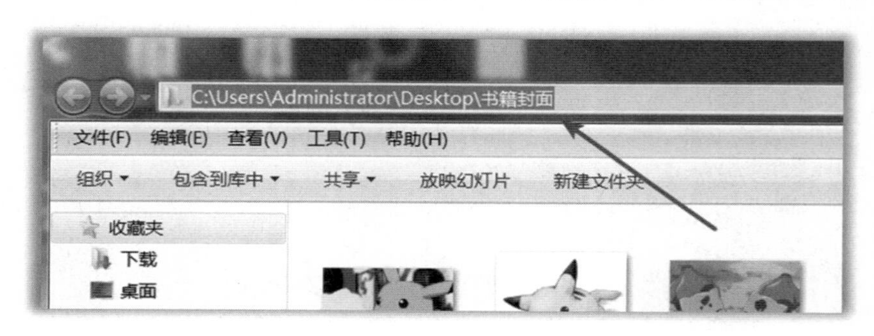

图 12-1

最后部分是文件名，前面部分是文件路径。

对于 abc.png 文件，它的文件路径是“C:\Users\Administrator\Desktop\书籍封面”。文件路径可称为文件目录或者文件所在的文件夹。

12.1.1 绝对路径和相对路径

这两个概念很容易混淆，在第一次碰到时很容易犯晕。

优先记住绝对路径，“绝对”简单理解就是“绝对不变”的意思。

例如上面所说的文件 abc.png，它的绝对路径就是硬盘上的一个不会变的地址，即“C:\Users\Administrator\Desktop\书籍封面”。

一般情况下可以将绝对路径理解为从根目录开始描述的路径。

相对路径，关键词是相对，“相对”就是“相对当前目录”，这个需要结合案例进行学习，稍后进行讲解。

还有两个知识点需要补充一下：一个点（.）表示当前文件夹；两个点（..）表示上一级文件夹。

12.1.2 os 模块与 os.path 模块

在 Python 中，使用 os 模块操作文件路径，语法格式为

```
import os
```

os.path 模块是 os 模块内部的一个子模块。

获取当前 Python 文件的目录

getcwd()方法可以获取当前 Python 文件所在的工作目录，就是当前文件所在的那个文件夹，获取的是绝对地址。例如，

```
import os
print(os.getcwd())
```

获取绝对路径 os.path.abspath

os.path 模块中的 abspath()方法可以返回绝对路径，先通过 help()函数查看该方法的使用方式。

```
import os

help(os.path.abspath)
```

返回结果为

```
Help on function abspath in module ntpath:

abspath(path)
    Return the absolute version of a path.
```

学编程对英语要求不高，但常见的单词还是要认识一些的。

abspath()方法需要一个参数 path，即路径，基于该路径再返回绝对路径。

例如通过下列代码返回 demo4.py 文件的绝对路径。

```
import os
ret = os.path.abspath("demo4.py")
print(ret)
```

获取相对路径 os.path.relpath

绝对路径返回的是一个从根目录开始的路径值，但相对路径不同，既然叫作相对，那就需要有一个参照物，所以该方法的语法格式为

```
os.path.relpath(path,start)
```

其中 path 是要获取绝对路径的地址值（描述起来比较绕，一会儿看代码），start 是相对的对象值。

例如，

```
import os

ret = os.path.relpath("D:\\")
print(ret)
```

上面的代码是用来获取目录 D:\\的相对地址的，没写 start 参数表示相对于当前工作目录，即 Python 文件所在的目录。

假设你已经知道当前 Python 文件所在的目录是 D:/gun/2，先推断一下 D:\\相对于 D:/gun/2 怎么获取：应该是父级目录的父级目录。那用代码怎么表示呢？前面已经学习了父级（上一级文件夹）目录表示方式“..”，所以写为“..\..”。整理清楚逻辑之后，发现跟代码得到的效果

一致。

```
..\..
```

将 path 参数修改为与 Python 文件目录一致的值，看一下是不是得到的相对路径是一个点号“.”（表示当前目录）。

```
import os

ret = os.path.relpath("d:\\gun\\2")
# 或者写成下面这个样子
# ret = os.path.relpath("d:/gun/2")
print(ret)
```

输出结果为符号“.”，是期望的值。

如果理解起来感到吃力，请不要急，接着往下看，一点点地消化。

12.1.3 路径检查方法

检查路径主要是检查文件或者文件夹是否存在，或者判断路径对应的是一个文件夹还是一个文件。

下面 4 个方法都在 os.path 模块下，具体代码比较简单，请自行编写。

◎ **exists(path)**：如果 path 文件或文件夹存在则返回 True，否则返回 False。

◎ **isabs(path)**：如果 path 是绝对路径则返回 True，否则返回 False。

◎ **isdir(path)**：如果 path 是文件夹则返回 True，否则返回 False。

◎ **isfile(path)**：如果 path 是文件则返回 True，否则返回 False。

12.1.4 目录操作

以下几个方法在 os 模块中，执行相应操作前建议先通过 os.path.exists 判断目录是否存在。

◎ **mkdir(path)**：创建目录。

◎ **rmdir(path)**：删除目录。

◎ **chdir(path)**：切换当前工作目录到 path。

◎ **remove(path)**：删除文件。需要注意的是，如果 path 是一个目录，则删除时会报错，请使用 rmdir 删除目录。

以上 4 个方法的实际代码编写也非常简单，导入模块之后，直接使用即可。

12.1.5 获取文件大小

只需调用 getsize()方法即可获取文件的大小，例如，

```
import os
print(os.path.getsize("demo4.py"))
```

注意，得到的文件大小单位是字节。

12.1.6 获取指定目录下的所有内容

通过 os.listdir()方法可以获取指定目录下的所有内容，包括文件与文件夹。

```
import os
print(os.listdir("."))
```

输出结果为

```
['demo1.py', 'demo2.py', 'demo3.py', 'demo4.py', 'demo5.py', 'dog_module.py'
, '__pycache__']
```

可以与文件进行比对，如图 12-2 所示。

图 12-2

12.2 Python 读写文件

12.2.1 读取文件

在读写文件时，首先要做的是打开文件，然后选择一次性读取文件或者逐行读取。使用 open()

函数打开文件。

读取文件所有内容

使用 open()函数打开文件之后，可以通过 read()方法读取文件内容，相当于将文件的内容一次性读取到程序的字符串变量中，该方法功能非常强大。

下面测试一下 test.txt 文件的内容，该文件内容为

```
梦想橡皮擦
是一个大佬
真的是一个大佬
我自己都信了
```

读取代码为

```
# 文件地址，注意提前在当前目录新建一个 test.txt 文件
file = "test.txt"
# 打开文件
f = open(file)
# 读取文件全部内容
read_str = f.read()
# 关闭文件
f.close()
print(read_str)
```

第一点需要注意的是，在使用 open()函数打开文件时，必须在文件使用完毕之后通过 close()函数关闭文件。

第二点需要注意的是，上面的代码中 file="test.txt"使用的并不是一个完整的路径，这种情况表示该文件和当前的 Python 文件在同一个目录中。如果在不同的目录中，则需要用到前面讲到的有关路径的知识了。

如果上面的代码运行时出现编码 Bug，那么请修改 open()函数部分代码，通过 encoding="utf-8"设置文件打开时的编码。

```
# 打开文件
f = open(file, encoding="utf-8")
```

逐行读取文件内容

通过循环调用文件对象，可以逐行输出文件内容。例如，

```
# 文件名
file = "test.txt"
# 打开文件
f = open(file, encoding="utf-8")
# 循环逐行读取
for line in f:
    print(line)
# 关闭文件
f.close()
```

输出结果如图 12-3 所示。

```
梦想橡皮擦
是一个大佬
真的是一个大佬
我自己都信了
```

图 12-3

逐行读取时多了一个换行，原因是在 txt 文件中，每行的末尾都默认有一个换行，print()函数输出时也会带一个换行，所以会出现 2 个回车符，解决办法是使用 print()函数的第 2 个参数。

```
# 文件名
file = "test.txt"
# 打开文件
f = open(file, encoding="utf-8")
# 循环逐行读取
for line in f:
    print(line,end="")
# 关闭文件
f.close()
```

逐行读取方法 readlines()

使用 readlines()方法可以将数据一次性读取到一个列表中，例如下列代码。

```
# 文件名
file = "test.txt"
# 打开文件
f = open(file, encoding="utf-8")
# 逐行读取
data = f.readlines()
# 关闭文件
```

```
f.close()

print(data)
```

在输出结果中，可以看到每行读取的字符串都带一个\n 换行符。

```
['梦想橡皮擦\n', '是一个大佬\n', '真的是一个大佬\n', '我自己都信了']
```

with 关键词

为了防止打开文件之后忘记关闭文件，Python 专门提供了一个 with 关键词，语法格式为

```
with open(待打开文件) as 文件对象:
    文件操作代码块
```

利用该语法，前面的代码可以修改为

```
file = "test.txt"
# 打开文件
with open(file,encoding="utf-8") as f:
    # 读取文件全部内容
    read_str = f.read()
    print(read_str)
```

12.2.2 写入文件

写入文件，泛指写入本地硬盘。

在学习写入文件之前，需要先扩展一下 open()函数，该函数目前已经掌握了两个参数，第一个是操作的文件，第二个是文件的编码，即 encoding 参数。

现在再补充一个文件打开模式 mode 参数。在 open()函数中，该参数的默认值是 r，代码 open("text.txt",mode="r",encoding="utf-8")表示以只读的方式打开文件，如果想要向文件中写入内容，则需要将 mode 参数设置为 w。

mode 参数还有其他值，不要着急，后续会学习到，先记住这两个即可。

写入文件的语法格式为

```
文件对象.write(待写入内容)
```

例如，

```
# 文件地址，注意提前在当前目录新建一个 test.txt 文件
file = "test.txt"
# 打开文件
with open(file, mode="w", encoding="utf-8") as f:
    # 写入文件内容
    f.write("我是即将被写入的内容")
```

注意，“待写入内容”需为字符串类型，其他类型会报错。

以该种方式写入内容后，原内容会被覆盖，如果想要在文件中追加数据，则使用 mode=a 方式。

写入多行数据

通过 write()方法可以写入单行数据，如果想写入多行数据，在 with 代码块中写上多个 write()方法即可。注意，write()方法默认在行尾不添加换行符，如果希望加上换行符，则需手动添加。

例如下列代码。

```
file = "test.txt"
# 打开文件
with open(file, mode="w", encoding="utf-8") as f:
    # 写入文件内容
    f.write("我是即将被写入的内容\n")
    f.write("我是即将被写入的内容")
```

12.3 shutil 模块

shutil 模块可以在 Python 代码中快速地操作文件，导入该模块使用 import shutil 即可。

12.3.1 文件复制

使用该模块中的 copy()方法可以对文件进行复制操作。

```
shutil.copy(旧文件,新文件)
```

下面是一个真实的例子。

```
import shutil
```

```
shutil.copy("test.txt","aaa.txt")
shutil.copy("test.txt","../aaa.txt") # 不同目录拷贝
```

12.3.2 复制目录

copytree()方法的语法格式与 copy()方法一致，只不过该方法是用来复制目录的，如果目录下面有子目录或文件，则一起复制。例如，

```
import shutil
# 第一个参数是旧目录，第二个参数是新目录
shutil.copytree("../1","a4")
```

执行代码时需要确定新目录不存在，如存在则会报错。

12.3.3 多功能 move()方法

使用 move()方法可以移动文件。

```
shutil.move(旧文件，新文件)
```

移动文件前一定要确保旧文件存在，移动之后旧文件在新文件的位置。

使用 move()方法可以修改文件名，在移动文件的过程中，如果新旧文件名称不一致，则可实现移动文件并重命名的效果。

使用 move()方法还可以移动目录，移动目录时会将该目录下的所有文件一起移动。当然，如果新旧目录名称不一致，那么还可以实现移动目录并重命名的效果。

12.3.4 删除有数据的目录

使用 rmtree()方法可以删除有数据的目录，相当于直接清空该目录下的所有目录和文件，并把该目录删除。

13 Python程序异常处理与logging模块

13.1 程序异常

程序异常，就是程序出错了，开发者一般把程序的错误叫作 Bug。成为开发者之后，写程序不出错是不可能发生的事情，而开发者要做的事情就是及时捕获错误、修改错误。

13.1.1 最常见的错误——除数为 0

在数学中也存在类似的问题，除数不可以为 0。相同的概念在编程中也是存在的，例如，

```
num1 = 20
num2 = 0
num3 = num1 / num2
print(num3)
```

运行上面的代码，输出结果为

```
Traceback (most recent call last):
  File "D:/gun/2/demo7.py", line 3, in <module>
    num3 = num1 / num2
ZeroDivisionError: division by zero
```

出错提示信息就是末尾的 ZeroDivisionError: division by zero。当出现错误时，程序崩溃，终止运行。

输出结果中也提示了错误出现的行号 line 3，表示在第 3 行。通过查看行号排查错误在很多

时候无法直接解决问题，因为出错的地方不一定就是行号所在行，但是可以用来参考。

修改 Bug 的效率一般会随着对 Python 学习的深入逐步提高，越有经验的开发者，修改 Bug 的速度越快。

13.1.2 try…except 语句

当程序出现错误时会终止运行，如何避免程序被强迫终止？即出现错误后让它继续运行，这就需要用到 try…except 语句了。

语法格式为

```
try:
    可能会出错的代码
except 异常对象:
    处理异常代码
```

按照上面的语法格式修改前面的代码。

```
num1 = 20
num2 = 0
try:
    num3 = num1 / num2
except ZeroDivisionError:
    print("除数不可以为 0 ")
```

此时程序不会报错，当发现除数为 0 时程序会进入异常处理状态，直接输出信息“除数不可以为 0”。

try 表示测试代码部分是否存在异常；except 表示捕获异常，前提是出现异常。

如果 try 语句中没有任何错误，则 except 中的代码不会执行。

还有一点需要注意：except 后面跟的是异常对象。我们将前面代码中的异常对象设置为 ZeroDivisionError，是因为已经知道会出现这个异常。

如果在代码编写过程中使用错误类型，则依旧会报错。例如，

```
num1 = 20
num2 = "abc"
try:
    num3 = num1 / num2
except ZeroDivisionError:
```

```
    print("除数不可以为 0 ")
```

上面的代码依旧会报错，报错信息为

```
Traceback (most recent call last):
  File "D:/gun/2/demo7.py", line 4, in <module>
    num3 = num1 / num2
TypeError: unsupported operand type(s) for /: 'int' and 'str'
```

如果想在 except 后面支持这个异常，则需要添加上 TypeError。

```
num1 = 20
num2 = "abc"
try:
    num3 = num1 / num2
except (ZeroDivisionError,TypeError):
    print("除数不可以为 0 ")
```

也可以分开编写。

```
num1 = 20
num2 = "abc"
try:
    num3 = num1 / num2
except ZeroDivisionError:
    print("除数不可以为 0 ")

except TypeError:
    print("除数类型不对")
```

这种写法需要开发者提前预知错误类型，即预先猜到可能出现的异常，如果异常不清楚，则可以省略异常对象，直接使用下列代码。

```
num1 = 20
num2 = "abc"
try:
    num3 = num1 / num2
except:
    print("除数不可以为 0 ")
```

13.1.3 try…except…else 语句

在 try…except 语句后面可以增加一个 else 语句，该语句表示的含义可以按照如下描述理解：当出现异常时执行 except 语句中的代码，当无异常时执行 else 语句中的代码。例如，

```
num1 = 20
num2 = 1
try:
    num3 = num1 / num2
except ZeroDivisionError:
    print("除数不可以为 0 ")

except TypeError:
    print("除数类型不对")

else:
    print("无异常，会被执行")
```

13.2 异常类型

13.2.1 常见的异常类型

在编写代码的过程中，需要掌握一些常见的异常类型，熟记它们可以帮助你快速进行错误排查。

- ◎ **AttributeError：**某个对象没有属性。
- ◎ **Exception：**通用型异常对象。
- ◎ **FileNotFoundError：**找不到文件。
- ◎ **IOError：**输入/输出异常。
- ◎ **IndexError：**索引异常。
- ◎ **KeyError：**键异常。
- ◎ **NameError：**对象名称异常。
- ◎ **SyntaxError：**语法错误。
- ◎ **TypeError：**类型错误。
- ◎ **ValueError：**值错误。

以上都属于常见错误，其中最常出现的是 Exception 和 SyntaxError。

在很多代码编写场景可以直接使用 Exception，不需要记住所有的异常类型。

13.2.2 捕捉多个异常

在前面已经接触过捕捉多个异常的语法格式了，这里可以再复习一下。

```
try:
    可能出错的代码块
except 异常对象 1:
    异常处理代码块
except 异常对象 2:
    异常处理代码块
```

13.2.3 一个 except 捕获多个异常

Python 也支持使用一个 except 捕获多个异常，具体语法格式为

```
try:
    可能出错的代码块
except (异常对象 1,异常对象 2, …):
    异常处理代码块
```

13.2.4 直接抛出异常

捕获到异常之后，可以直接抛出 Python 内置好的异常信息，例如，

```
num1 = 20
num2 = 0
try:
    num3 = num1 / num2
except ZeroDivisionError as e:
    print(e)

except TypeError as e:
    print(e)
else:
    print("无异常，会被执行")
```

注意，except 后面的异常对象使用 as 关键字起了一个别名叫作 e，然后直接输出 e，即 Python 内置好的错误信息。

这里的 e 可以为任意名称，遵循变量命名规则即可。

13.3 finally 语句

try…except 语句还可以和 finally 语句配合，语法格式为

```
try:
    可能出错的代码块
except:
    代码出错执行的代码块
else:
    代码正常执行的代码块
finally:
    无论代码是否有异常都会执行的代码块
```

finally 语句需要与 try 语句配合使用，无论是否有异常都会执行该语句内容。

13.4 日志模块 logging

13.4.1 日志信息等级

为了更好地记录程序错误信息，Python 专门提供了一个 logging 模块，该模块提供了 5 个等级用于标记日志信息。

1．DEBUG 等级，使用 logging.debug()显示。

2．INFO 等级，记录类的日志。

3．WARNING 等级，警告级别，存在潜在风险。

4．ERROR 等级，引发错误。

5．CRITICAL 等级，引发系统问题，是最高等级。

导入 logging 模块之后，可以使用下面的设置显示信息的等级。

```
import logging
logging.basicConfig(level=logging.DEBUG)
```

5 个等级输出函数为

```
import logging
logging.basicConfig(level=logging.DEBUG)
```

```
logging.debug("DEBUG")
logging.info("INFO")
logging.warning("WARNING")
logging.error("ERROR")
logging.critical("CRITICAL")
```

输出结果为

```
DEBUG:root:DEBUG
INFO:root:INFO
WARNING:root:WARNING
ERROR:root:ERROR
CRITICAL:root:CRITICAL
```

上面的代码因为设置的等级是 DEBUG，所以所有的日志信息都会输出，如果设置为 WARNING，例如下列代码，则输出内容会有不同：

```
import logging
# 注意看这里的设置
logging.basicConfig(level=logging.WARNING)
logging.debug("DEBUG")
logging.info("INFO")
logging.warning("WARNING")
logging.error("ERROR")
logging.critical("CRITICAL")
```

因为设置了 logging，所以输出等级是 WARNING，较低等级的 DEBUG 与 INFO 将不再输出，这样就可以随着程序开发的深入，不断地提高等级，最终提高到 CRITICAL 等级。

13.4.2 格式化 logging 日志信息

可以在全局进行 logging 信息的格式化，语法格式为

```
logging.basicConfig(level=logging.WARNING,format = "")
```

在不设置 format 时，默认输出的日志信息为

```
DEBUG:root:DEBUG
INFO:root:INFO
WARNING:root:WARNING
ERROR:root:ERROR
CRITICAL:root:CRITICAL
```

输出内容前面都存在一个 DEBUG:root:前缀，如果设置 format=""即可将其删除。

设置 format=""的代码为

```
import logging
logging.basicConfig(level=logging.WARNING,format= "")
```

其余内容不需要修改，这时输出的日志信息已经没有默认前缀了。

```
WARNING
ERROR
CRITICAL
```

对于日志信息的格式化，还可以增加 asctime 参数，该参数为时间信息。例如，

```
import logging
logging.basicConfig(level=logging.WARNING,format= "%(asctime)s")
logging.debug("DEBUG")
logging.info("INFO")
logging.warning("WARNING")
logging.error("ERROR")
logging.critical("CRITICAL")
```

运行后发现，要输出的信息没有了，这是因为在 format 参数中只传了 asctime 一个内容，如果还需要 logging 输出信息，则需要增加 message 参数。例如，

```
import logging
logging.basicConfig(level=logging.WARNING,format= "%(asctime)s %(message)s")


logging.warning("WARNING")
logging.error("ERROR")
logging.critical("CRITICAL")
```

学习了 asctime 与 message 之后，你应该对 format 格式化的语法有了一些基本的认知，它应该是%(参数名)s 这样一个结构。请你思考一下，如果想增加一个 logging 等级参数 levelname，那么能将其拼接到 format 中吗？

13.4.3 将程序日志输出到文件中

如果程序日志都输出到 Python 控制台，导致的结果就是控制台出现大量的调试信息。其实很多时候可以将日志信息输出到文件中，而且实现起来非常简单，只需增加一个参数 filename 即可。例如，

```
import logging
logging.basicConfig(filename = "out.txt",level=logging.WARNING,format= "%(as
ctime)s %(message)s")
```

执行上面的代码后，会自动在当前根目录（文件与目录可以自己设置）中生成一个日志文件。

13.4.4 停用程序日志

使用下列方法可以停用日志。

```
logging.disable(level)
```

如果希望日志全部停用，只需直接限制等级到 CRITICAL 即可。例如，

```
import logging
logging.basicConfig(level=logging.WARNING,format= "%(asctime)s %(message)s")
logging.disable(level=logging.CRITICAL)
logging.debug("DEBUG")
logging.info("INFO")
logging.warning("WARNING")
logging.error("ERROR")
logging.critical("CRITICAL")
```

14

在Python中操作SQLite数据库

14.1　SQLite 基本使用

在安装 Python 时 SQLite 数据库会自动安装到计算机上。通过它可以将数据长期地存储在本地计算机中。

在 Python 中通过 import sqlite3 语句导入数据库模块。

操作数据库一般分为以下 3 个步骤。

1．连接数据库。

2．操作数据库。

3．关闭数据库。

使用如下语句可以连接数据库。

```
conn = sqlite3.connect("数据库名称")
```

如果数据库存在，则该语句可以自动建立连接；如果不存在，则其先创建数据库再建立连接关系。

使用完毕要及时关闭数据库。

```
conn.close()
```

其中 conn 是一个普通变量，一般被称为数据库连接对象。既然是一个对象，它肯定有属性和方法。

运行下列代码，在本地目录查看是否多了一个文件。

```
import sqlite3
conn = sqlite3.connect("my_data.db")
conn.close()
```

14.2 建立 SQLite 数据库表

通过 connect()方法可以与数据库文件建立连接。该方法返回 connect 对象，这个对象包含以下常用方法。

◎ **close()：**关闭数据库连接。
◎ **commit()：**更新数据库内容。
◎ **cursor()：**建立 cursor 对象，该对象可以执行 execute()方法。
◎ **execute()：**执行 SQL 数据库命令，例如建立、查询、删除和更新数据库表。

SQLite 数据类型

在正式学习 SQLite 数据库操作之前，我们先了解一下该数据库中包含哪些数据类型。因为 SQLite 数据库比较简单，所以包含的数据类型也不多。

◎ **NULL：**空值。
◎ **INTEGER：**整数。
◎ **REAL：**浮点数。
◎ **TEXT：**字符串。
◎ **BLOB：**富文本数据，例如图片、歌曲等。

下面我们来学习如何操作数据库。这里还要说明一点，一个数据库可以包含多张表，例如 my_data.db 数据库可以包含多张表。

按如下方法建立 my_data.db 数据库的第一张表。

```
import sqlite3
# 连接到 my_data.db 数据库
conn = sqlite3.connect("my_data.db")
# 建立 cursor 对象
cursor = conn.cursor()
```

```
# 建表 SQL 语句
sql = """
    create table students(
    id int,
    name text,
    sex text,
    age int )
"""
# 执行 SQL 语句
cursor.execute(sql)
# 关闭 cursor 对象
cursor.close()
# 关闭数据库连接
conn.close()
```

代码中添加了注释。注意，使用完 conn 对象与 cursor 对象之后，需要关闭它们，并且先关闭 cursor 对象，再关闭 conn 对象。

```
create table students(
id int,
name text,
sex text,
age int
)
```

以上是用来建表的 SQL 语句，其中“create table 表名称（字段列表）”中的每个字段的定义都是“字段名 字段类型”格式。

通过该 SQL 语句就可以在数据库中建立一张 students 表。表中包含 4 列，分别是 id、name、sex 和 age。

id	name	sex	age

在同一个数据库中，不可以创建同名表。如果你尝试创建，系统就会报错。这时就用到 try…except 语句了。

```
import sqlite3
# 连接到 my_data.db 数据库
conn = sqlite3.connect("my_data.db")
# 建立 cursor 对象
cursor = conn.cursor()
# 建表 SQL 语句
sql = """
```

```
create table students(
id int,
name text,
sex text,
age int )
"""
try:
    # 执行 SQL 语句
    cursor.execute(sql)
except:
    print("数据库中已经存在该表")
# 关闭 cursor 对象
cursor.close()
# 关闭数据库连接
conn.close()
```

14.3 向表中增加数据

为数据库建表之后就可以增加数据了。表中的数据一般称为记录。下面使用插入数据的命令向表中增加一条学生数据。

```
import sqlite3

# 连接到 my_data.db 数据库
conn = sqlite3.connect("my_data.db")

# 建立 cursor 对象
cursor = conn.cursor()
# 向表中插入数据的 SQL 语句
insert_sql = """
insert into students values(?,?,?,?)
"""
try:
    # 待插入的数据
    data = (1,"橡皮擦","女",18)
    # 执行 SQL 语句
    cursor.execute(insert_sql,data)
    # 更新数据库内容。在插入数据、删除数据、更新数据时不要忘记该命令
    conn.commit()
except Exception as e:
    print("插入异常",e)
# 关闭 cursor 对象
```

```
cursor.close()
# 关闭数据库连接
conn.close()
```

上面代码中最核心的语句为 insert into students values(?,?,?,?)，这也是一条 SQL 语句。在该语句中使用 execute()方法时，需要为该方法的第 2 个参数位置传入对应的数据，也就是说，如果 SQL 语句中有 3 个问号，则这里的第 2 个参数是 3 个元素的元组。

14.4 查询数据库中的表数据

用于查询数据的 SQL 语句的格式为

```
select * from 表名
```

查询 students 表中数据的代码如下。

```
import sqlite3

# 连接到 my_data.db 数据库
conn = sqlite3.connect("my_data.db")

# 建立 cursor 对象
cursor = conn.cursor()
#  SQL 查询语句
select_sql = """
select * from students
"""
try:

    # 执行 SQL 语句
    results = cursor.execute(select_sql)
    print(results)
    for record in results:
        print(record)
except Exception as e:
    print("查询异常", e)
# 关闭 cursor 对象
cursor.close()
# 关闭数据库连接
conn.close()
```

使用以上代码可将数据库中指定表的数据全部读取出来。

执行 results=cursor.execute(select_sql)语句之后，输出的 results 对象类型为<sqlite3.Cursor object at 0x00000000020DCB90>。该对象中有一个 fetchall()方法，使用该方法可以一次性地将所有数据都存放到一个元组中。

需要说明一点，如果只需要某个数据表中的某一列，不需要全部数据，则 SQL 查询语句的语法格式为

```
select 列名,列名 from 表名
```

14.5 更新表数据

更新数据表中的数据用到的语句是 update，其语法格式如下。

```
update 表 set 列名 = 新值,列名=新值…
where 条件
```

下面的 SQL 语句的语法格式相对复杂一些，主要增加了 where 条件判断。

```
import sqlite3
# 连接到 my_data.db 数据库
conn = sqlite3.connect("my_data.db")
# 建立 cursor 对象
cursor = conn.cursor()
# SQL 更新语句
update_sql = """
update students set name = "大橡皮擦" ,age=20
where id = 1
"""
try:
    # 执行 SQL 语句
    cursor.execute(update_sql)
    conn.commit()
except Exception as e:
    print("更新异常", e)
# 关闭 cursor 对象
cursor.close()
# 关闭数据库连接
conn.close()
```

执行更新操作后，将“橡皮擦”更新为了“大橡皮擦”。可以使用查询语句查看一下表中的数据是否已经更新。

使用 Python 操作数据库的关键是运用 SQL 语句的熟练程度。本章涉及的 SQL 语句只是冰山一角，随着讲解的深入，在本书后面我们会学习更多、更复杂的 SQL 语句。

在更新表中列数据时，要注意的第一点是，一定要增加 where 条件，否则整个表都被更新了。要注意的第二点是，一定要指定好列名，否则找不到列名也会报错。

14.6 删除表数据

与插入和更新表数据相比，删除表数据就简单多了。删除表数据的 SQL 语句的语法格式为

```
delete from 表名
where 条件
```

当满足 where 条件时，就会删除对应的数据。一定要注意，如果没有写 where 条件，整个表就被删除了。

请记住一点，如果你不想操作整个表，那么在对数据库中任何表执行更新或者删除操作时，都要写上 where 条件。

15

Python中的多线程与多进程

15.1 Python 中的多线程

学习之前，我们先来理解一下线程与进程的概念。进程范围大，一个进程可能包含多个线程。

打开计算机上的任务管理器（如图 15-1 所示），可以对进程进行管理，例如杀掉进程。

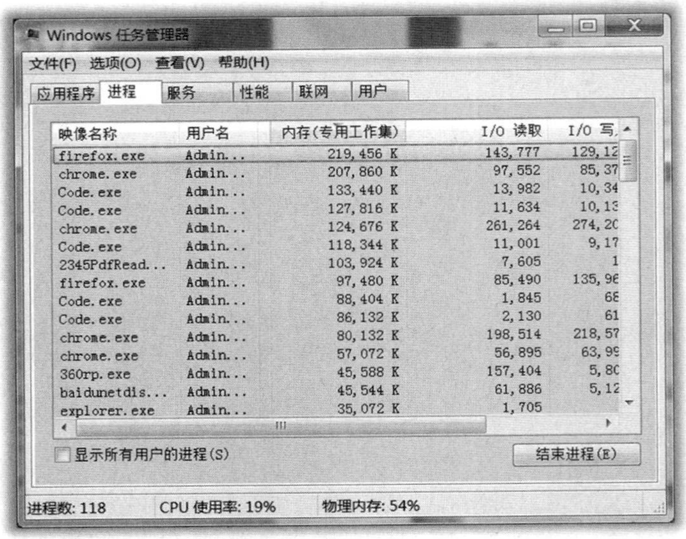

图 15-1

我们再来看一下线程。在学习这部分内容时，一定不要把这两个概念弄混淆了。

15.1.1 简单的多线程

如果一个线程只能完成一件事情，计算机就会显得特别呆滞。例如，在编写代码时，IDE（代码编辑器）完全不能做其他事情，也就是它只能一件接着一件地做事情。而且这个线程会占用所有资源，必须等到它完成操作，其他程序才可以使用该线程占用的资源，这种线程就叫作单线程。

那么如何实现多线程呢？通过导入 Python 内置的 threading 模块可以解决该问题。

```
import threading

# 定义一个函数，在线程中运行
def thread_work():
    pass

# 在 Python 中运行线程
# 建立线程对象
my_thread = threading.Thread(target=thread_work)
# 启动线程
my_thread.start()
```

可以使用 threading 模块中的 Thread()方法建立一个线程，该方法会创建一个 Thread 对象（线程对象）。使用该方法时需要注意，它的 target 参数值是一个函数名称。在调用方法时写上函数名称，不加小括号。

我们将返回的线程对象命名为 my_thread，这里可以指定任意名称，只要遵循变量命名规则即可。

启动线程需要调用线程对象的 start()方法。

```
import threading
import time

# 定义一个函数，在线程中运行
def thread_work():
    # 函数内部的方法
    print(" my_thread 线程开始工作")
    time.sleep(10)  # 为了方便模拟操作，暂停 10s
    print("时间到了，线程继续工作")

print("主线程开始运行")
# 在 Python 中运行线程
```

```
# 建立线程对象
my_thread = threading.Thread(target=thread_work)
# 启动线程
my_thread.start()

time.sleep(1)  # 主线程停止 1s
print("主线程结束")
```

重点注意代码输出的顺序。

```
主线程开始运行
my_thread 线程开始工作
主线程结束
时间到了，线程继续工作
```

输出“主线程结束”之后，需要等待几秒的时间，子线程才开始运行，即输出“时间到了，线程继续工作”。

15.1.2 向子线程中传递参数

在创建线程时除了可以直接调用某函数，也可以向子线程中的函数传递参数，具体语法格式如下。

```
my_thread = threading.Thread(target=函数名称,args=['参数 1','参数 2',….])
```

例如，向 thread_work()函数中传递一个“橡皮擦”参数。

```
import threading
import time

# 定义一个函数，在线程中运行
def thread_work(name):
    # 函数内部方法
    print(" my_thread 线程开始工作")
    print("我是从主线程传递进来的参数：", name)
    time.sleep(10)  # 为了方便模拟操作，暂停 10s
    print("时间到了，线程继续工作")

print("主线程开始运行")
# 在 Python 中运行线程
# 建立线程对象
my_thread = threading.Thread(target=thread_work, args=["橡皮擦"])
# 启动线程
my_thread.start()
```

```
time.sleep(1)  # 主线程停止 1s
print("主线程结束")
```

传递的参数需要与函数定义中的参数匹配。不建议在多线程中使用相同名称的变量，这样很容易出现问题。建议每个线程都使用自己的局部变量，以免互相干扰。

15.1.3 线程命名

启动线程之后，如果没有手动命名线程，系统就会自动将其命名为 Thread-n。在程序中可以使用 currentThread().getName()方法获取线程的名称。

随着 Python 版本的更新，currentThread()方法已经逐步被 current_thread()方法替代。

```
import threading
import time

# 定义一个函数，在线程中运行
def thread_work1(name):
    # 函数内部方法
    print(threading.currentThread().getName()," 线程启动")
    time.sleep(2)
    print(threading.currentThread().getName()," 线程启动")

# 定义一个函数，在线程中运行
def thread_work2(name):
    # 函数内部方法
    print(threading.currentThread().getName(), " 线程启动")
    time.sleep(2)
    print(threading.currentThread().getName(), " 线程启动")

print("主线程开始运行")
# 在 Python 中运行线程
# 建立线程对象
my_thread1 = threading.Thread(target=thread_work1, args=["橡皮擦"])
my_thread2 = threading.Thread(target=thread_work2, args=["橡皮擦"])
# 启动线程
my_thread1.start()
# 启动线程
my_thread2.start()
time.sleep(1)  # 主线程停止 1s
print("主线程结束")
```

代码运行结果如下，可以重点看一下线程默认的名称。

```
主线程开始运行
Thread-1  线程启动
Thread-2  线程启动
主线程结束
Thread-2  线程启动
Thread-1  线程启动
```

如果想要给线程起一个独特的名字，则可以在通过 Thread()方法建立线程时，使用参数 name="线程名称"来命名。

```
import threading
import time

# 定义一个函数，在线程中运行
def thread_work1(name):
    # 函数内部方法
    print(threading.currentThread().getName()," 线程启动")
    time.sleep(2)
    print(threading.currentThread().getName()," 线程启动")

# 定义一个函数，在线程中运行
def thread_work2(name):
    # 函数内部方法
    print(threading.currentThread().getName(), " 线程启动")
    time.sleep(2)
    print(threading.currentThread().getName(), " 线程启动")

print("主线程开始运行")
# 在 Python 中运行线程
# 建立线程对象
my_thread1 = threading.Thread(name="我是线程 1（不建议用中文）
",target=thread_work1, args=["橡皮擦"])
my_thread2 = threading.Thread(name="work thread",target=thread_work2, args=[
"橡皮擦"])
# 启动线程
my_thread1.start()
# 启动线程
my_thread2.start()
time.sleep(1)  # 主线程停止 1 s
print("主线程结束")
```

除了上述方法，也可以使用 currentThread().setName()方法给函数命名。

15.1.4 Daemon 守护线程

默认创建的线程都不是 Daemon 线程。在正常情况下，程序建立了主线程和子线程，因此需要等待所有的线程工作结束才能结束程序，如果先结束主线程，就会因为子线程没有可用的资源导致程序崩溃。

如果你希望在主线程结束时，子线程自行终止，就需要设置一下 Daemon 线程的属性。设置之后，主线程若想结束运行，则需要检查 Daemon 线程的属性。

◎ 如 Daemon 线程的属性为 True，则当其他非 Daemon 线程执行结束时，主线程不会等待 Daemon 线程结束，它会自动结束。

◎ 如果 Daemon 线程的属性为 False，则主线程必须等待 Daemon 线程结束才会结束。

还可以设置 Daemon 线程的另一个属性，如果将该属性设置为 True，该线程就不受重视了，一旦其他线程结束，它就结束。如果设置为 False，则该线程就是最重要的线程，主线程需要等待它结束，才可以进行下一步操作。

```
import threading
import time

# 定义一个函数，在线程中运行
def thread_work1():
    # 函数内部方法
    print(threading.currentThread().getName()," 线程启动")
    # 等待 5s，如果线程被重视，则主线程将等待，如果不被重视，其很快就会执行完毕
    time.sleep(5)
    print(threading.currentThread().getName()," 线程启动")

# 定义一个函数，在线程中运行
def thread_work2():
    # 函数内部方法
    print(threading.currentThread().getName(), " 线程启动")
    print(threading.currentThread().getName(), " 线程启动")

print("主线程开始运行")
# 在 Python 中运行线程
# 建立线程对象
my_thread1 = threading.Thread(name="我是守护线程 Daemon",target=thread_work1)
my_thread1.setDaemon(True) # 先设置为 True，该线程将不被重视
my_thread2 = threading.Thread(name="work thread",target=thread_work2)
# 启动线程
```

```
my_thread1.start()
# 启动线程
my_thread2.start()

print("主线程结束")
```

以上代码瞬间就执行完毕了，并没有等待 5 s，这充分证明了不被重视的线程的处境。

接下来修改属性，再看一下效果。

```
my_thread1.setDaemon(False)
```

程序运行之后，等待了 5 s 才结束运行。

15.1.5 堵塞主线程

在主线程工作时，如果你希望子线程先运行，待子线程运行结束，主线程才继续工作，则需要对子线程对象使用 join 方法。

```
import threading
import time

# 定义一个函数，在线程中运行
def thread_work1():
    # 函数内部方法
    print(threading.currentThread().getName()," 线程启动")
    time.sleep(5)
    print(threading.currentThread().getName()," 线程启动")

print("主线程开始运行")
# 在 Python 中运行线程
# 建立线程对象
my_thread1 = threading.Thread(name="work thread",target=thread_work1)
# 启动线程
my_thread1.start()
print("join 开始……")
my_thread1.join() # 等待 work thead 线程运行结束
print("join 结束….")

print("主线程结束")
```

可以给 join()方法设置一个参数，该参数表示等待的秒数，当秒数到了，主线程才恢复工作。

```
my_thread.join(3) # 子线程运行 3 s
```

15.1.6 使用 is_alive()方法检验子线程是否在工作

一般会在 join()方法之后加一个 is_alive()方法，该方法用于检查子线程的工作是否结束，如果结束则返回 False，仍在工作则返回 True。

```
import threading
import time

# 定义一个函数，在线程中运行
def thread_work1():
    # 函数内部方法
    print(threading.currentThread().getName()," 线程启动")
    time.sleep(5)
    print(threading.currentThread().getName()," 线程启动")

print("主线程开始运行")
# 在 Python 中运行线程
# 建立线程对象
my_thread1 = threading.Thread(name="work thread",target=thread_work1)
# 启动线程
my_thread1.start()
print("join 开始……")
my_thread1.join(2) # 等待 work thead 线程运行结束
print("join 结束….")

print("子线程是否仍在工作?",my_thread1.is_alive())
time.sleep(3)
print("子线程是否仍在工作?",my_thread1.is_alive())
print("主线程结束")
```

有的教程中还会使用 isAlive()方法来判断，这是因为 Python 版本的问题（Python 2.x 版本使用的是 isAlive()），这里建议使用 is_alive()方法。

15.1.7 自定义线程类

threading.Thread 是 threading 模块内的一个类，可以继承这个类，定义自己的线程类。定义时有两个需要注意的地方：第一，需要在构造函数中调用 threading.Thread.__init()__方法；第二，需要在类内定义 run()方法。

前面我们讲过，可通过 threading.Thread 类声明一个线程对象，执行 start()方法可以建立一个线程，而 start()方法会调用类中的 run()方法。

```
import threading

class MyThread(threading.Thread):
    def __init__(self):
        threading.Thread.__init__(self)

    def run(self):
        print(threading.Thread.getName(self))
        print("橡皮擦定义好的线程")

my_thread = MyThread()
my_thread.run()

you_thread = MyThread()
you_thread.run()
```

15.1.8 资源锁定与解锁

在多线程程序中，经常会有多个线程共享一个资源的情况，为了确保在共享资源时不出现问题，就需要使用 theading.Lock 对象的两个方法：acquire()与 release()。

```
import threading

my_num = 0
lock = threading.Lock()

class MyThread(threading.Thread):
    def __init__(self):
        threading.Thread.__init__(self)

    def run(self):
        print(threading.Thread.getName(self))

        # 调用全局变量
        global my_num
        my_num += 10
        print("现在的数字是：", my_num, "\n")



# 线程列表
ts = []
```

```
# 批量创建 10 个线程
for i in range(0, 10):
    my_thread = MyThread()
    ts.append(my_thread)

# 启动 10 个线程
for t in ts:
    t.start()

# 等待所有线程结束
for t in ts:
    t.join()
```

以上代码没有使用 acquire()与 release()方法，导致出现无规律可循的结果。这是因为无法预知哪个线程会优先取得资源，专业描述叫作线程以不可预知的速度向前推进，也叫作线程竞速。

因此我们在使用全局变量时，要先锁定资源，使用之后再释放资源。

```
# 调用全局变量
global my_num
lock.acquire()
my_num += 10
lock.release()
print("现在的数字是：", my_num, "\n")
```

对于以上代码，如果连续调用两次 acquire()方法就会导致死锁。

15.2 subprocess 模块

subprocess 是 Python 中用于创建子进程的模块，注意是子进程。导入该模块使用 import subprocess 语法。

15.2.1 Popen()方法

该方法可以打开计算机内部的应用程序，也可以打开我们自己的应用程序。例如，

```
import subprocess

# 打开计算机
calc_pro = subprocess.Popen('calc.exe')
# 打开画板程序
mspaint_pro = subprocess.Popen('mspaint.exe')
```

15.2.2 Popen()方法的参数

可以在 Popen()方法打开程序时，为其传递一个参数。该参数为列表类型，第一个元素是要打开的应用程序，第二个则是传递给它的文件。

例如打开画板程序。

```
import subprocess

# 打开计算机
# calc_pro = subprocess.Popen('calc.exe')
# 打开画板程序，并在其中打开一个图形文件
mspaint_pro = subprocess.Popen(['mspaint.exe','./pic.jpg'])
```

文件的路径不要写错，以上代码会打开画板程序并且在画板中打开一个图形文件。

15.2.3 通过关键字 start 打开程序

在计算机上通过双击就可以打开某个文件，这是因为 Windows 系统已经做好了关联。那么能不能在 Python 中也实现该方式呢？很简单，通过 subprocess.Popen()方法的参数即可做到。

```
import subprocess

# 打开图形文件
mspaint_pro = subprocess.Popen(['start','./pic.jpg'],shell = True)
```

使用以上代码打开图形文件，调用的是默认的图形预览程序。该方法有两个关键点：一是在原来程序位置使用关键字 start（仅在 Windows 中有效）；二是使用 shell = True 参数。

第2部分　进阶篇

16 列表与元组、字典与集合

16.1　为何列表和元组总放在一起

在本书前面的章节中，我们已经研究了列表和元组的基本用法，现在你是否还有印象？列表和元组都是可以包含任意数据类型元素的有序集合，也可以说是一个容器。

它们两个最直接的区别是，列表的长度不固定，可变；而元组的长度固定，不可变。

很多时候，也说它们一个是动态的，一个是静态的。

人们最常犯的一个错误就是给元组赋值或者修改它的值。记住下面的错误提示，如果再次遇到，你立刻就会知道出现 Bug 的原因。

```
TypeError: 'tuple' object does not support item assignment
```

那么如何给元组增加数据呢？下面是一种思路，创建一个元组，把新的数据和旧的数据拼接起来。

```
# 梦想橡皮擦 专用注释
my_old_tuple = (1, 2, "a", "b")
my_new_tuple = ("c", "d")

my_tuple = my_old_tuple + my_new_tuple
print(my_tuple)
```

有一点需要注意，如果元组中只有一个元素，那么一定要写为(1,)，逗号不要省略，如果省略，那么括号里面是什么数据类型，最后得到的就是什么数据类型的数据。

16.1.1 列表和元组的切片

列表和元组都是有序的。这里补充一个知识点：有序就能切片。而切片是顾头不顾尾的操作，例如下面的代码。

```
my_tuple = my_old_tuple+my_new_tuple
print(my_tuple[1:3])
```

在刚学习切片时，一个比较常见的错误就是将中括号（[]）里面的冒号（:）写成其他符号。

```
TypeError: tuple indices must be integers or slices, not tuple
```

16.1.2 负数索引与二者相互转换

列表与元组都支持负数索引，但是需要记住，负数索引从–1 开始。

二者也可以互相转换，可使用内置函数 list()和 tuple()转换。列表与元组都有一些可以使用的内置函数，这些知识点在前面的章节已经讲过了。

16.1.3 列表与元组的存储方式

运行以下代码查看运行结果。列表与元组的元素数目保持一致。

```
my_list = ["a", "b", "c"]
print(my_list.__sizeof__())

my_tuple = ("a", "b", "c")
print(my_tuple.__sizeof__())
```

输出的结果存在差异，对于具有相同元素的列表与元组，系统为列表分配的空间要大一些。

```
64
48
```

这里有一个知识点：__sizeof__()，它表示输出系统为变量分配的空间的大小。

下面使用列表检测系统是如何进行空间分配的。

```
my_list = []
print("初始化大小",my_list.__sizeof__())
my_list.append("a")
```

```
print("追加 1 个元素之后的大小",my_list.__sizeof__())
my_list.append("b")
print("追加 2 个元素之后的大小",my_list.__sizeof__())
my_list.append("c")
print("追加 3 个元素之后的大小",my_list.__sizeof__())
my_list.append("d")
print("追加 4 个元素之后的大小",my_list.__sizeof__())
my_list.append("e")
print("追加 5 个元素之后的大小",my_list.__sizeof__())
```

运行结果为

```
初始化大小 40
追加 1 个元素之后的大小 72
追加 2 个元素之后的大小 72
追加 3 个元素之后的大小 72
追加 4 个元素之后的大小 72
追加 5 个元素之后的大小 104
```

追加一个元素之后，系统分配的空间大小变成了 72，然后连续追加 4 个元素，系统分配的空间大小都没有变化。而追加第 5 个元素时，又增加了 32 字节的空间。由此可以得到如下结论：

对于列表，会一次性地增加 4 个元素的空间，空间使用完之后，才会继续增加。

以上代码的原理：从本质上看，列表是一个动态的数组，它并没有存储真实数据，存储的是每个元素在内存中的地址（引用），而引用占用的内存空间是相同的，也就是 8 字节，因此其可以存储不同类型的数据。

在 64 位的操作系统中，一个地址占用 8 字节的空间，如果你的计算机是 32 位的，则地址占用 4 字节的空间，注意差异。

16.1.4 列表和元组的应用场景

简单来说，元组用于有固定元素的数据，而列表用于可变的数据。你只需掌握一点：如果只有两三个元素，就使用元组 tuple；如果元素较多，就使用命名元组 namedtuple，它是一个函数。

在使用 namedtuple()函数前需要先导入。

```
from collections import namedtuple
help(namedtuple)
```

函数原型如下：

```
namedtuple(typename, field_names, *, rename=False, defaults=None, module=None)
# Returns a new subclass of tuple with named fields.
```

先写一段测试代码：

```
from collections import namedtuple
Point = namedtuple('Point', ['x', 'y'])
p = Point(10, 20)
print(p.x)
print(p.y)
```

函数的两个参数说明如下。

◎ **typename**：字符串类型的参数，这个参数理解起来比较困难，这里给出官方的解释。namedtuple()会根据 typename 创建一个子类并返回类名，例如前文测试代码中的 Point，创建的类的名称就是 Point。

◎ **field_names**：用于为创建的元组的每个元素命名，可以将其传入列表或者元组，

例如对于['a', 'b']、(a,b)，也可以传入'a b'或'a,b'这种被逗号或空格分隔的单字符串。

如果你希望看到类被构建的过程，则可以增加 verbose 参数。这个参数在官网也有相关的说明，部分 Python 版本不支持该参数，在 Python 3.7 之后就没有该参数了。

```
Changed in version 3.6: The verbose and rename parameters became keyword-only arguments.
Changed in version 3.6: Added the module parameter.
Changed in version 3.7: Removed the verbose parameter and the _source attribute.
Changed in version 3.7: Added the defaults parameter and the _field_defaults attribute.
```

初始化空列表是使用 list()还是中括号（[]）？

可以使用以下代码对它们进行效率测试：

```
import timeit
a = timeit.timeit('a=list()', number=10000000 )
b = timeit.timeit('a=[]', number=10000000 )
print(a)
print(b)
```

运行结果如下：

```
1.6634819
0.5888171999999998
```

结论是使用中括号（[]）声明空列表速度更快，因为 list()是函数调用，效率低一些。

你也可以测试一下，使用相同元素来初始化列表和元组，看看哪个效率更高。

```
import timeit
a = timeit.timeit('a=("a","b","c")', number=10000)
b = timeit.timeit('b=["a","b","c"]', number=10000)
print(a)
print(b)
```

运行结果如下：

```
# 初始化元组
0.0005571000000000048
# 初始化列表
0.0020220999999999999
```

16.2 字典与集合的那些事儿

16.2.1 字典和集合的基础操作

字典

字典由键-值对组成，键为 key，值为 value。这里有一个知识点，在 Python 3.6 之前字典是无序的，长度可变，也可以任意地删除和改变元素，但在 Python 3.7 之后，字典是有序的。

为了测试字典的无序性，我们寻找一个低版本的 Python 线上环境进行测试，代码如下：

```
my_dict = {}
my_dict["A"] = "A"
my_dict["B"] = "B"
my_dict["C"] = "C"
my_dict["D"] = "D"

for key in my_dict:
    print(key)
```

运行结果（如图 16-1 所示）也证明了它的无序性。

```
1 my_dict = {}
2 my_dict["A"] = "A"
3 my_dict["B"] = "B"
4 my_dict["C"] = "C"
5 my_dict["D"] = "D"
6
7 for key in my_dict:
8     print(key)
9
```

```
A
C
B
D
```

图 16-1

在本地 Python 3.8 版本上测试，没有出现乱序的情况。

所以当再有人问 Python 里面的字典是有序的还是无序的时，不要直接回答无序了，高版本 Python 中的字典是有序的。

字典这种键-值对结构，相较于列表与元组，更加适合添加元素、删除元素、查找元素等操作。

需要注意的是，在通过键找值时，如果键不存在，则会出现 KeyError 错误，该错误属于极其常见的错误。

```
my_dict = {}
my_dict["A"] = "A"
my_dict["B"] = "B"
my_dict["C"] = "C"
my_dict["D"] = "D"

print(my_dict["F"])
```

错误提示如下：

```
Traceback (most recent call last):
  File ".\demo.py", line 7, in <module>
    print(my_dict["F"])
KeyError: 'F'
```

如果你不希望出现此错误，则可在索引键时使用 get(key,default)函数。

```
print(my_dict.get("F","None"))
```

集合

集合和字典的基本结构相同，它们最大的区别是集合没有键-值对，集合中是一系列无序且唯一的元素组合。

集合不支持索引操作，也就是说下面的代码在执行时肯定会报错。

```
my_set = {"A","B","C"}
print(my_set[0])
```

提示有类型错误：TypeError: 'set' object is not subscriptable。

另外，集合经常用于去重操作。

16.2.2 字典与集合的排序

字典与集合的基本排序操作在前面的章节我们已经学习过了。这里强调一下排序函数，因为涉及一些知识点，可以先接触一下，后面还会细讲。

在学习之前，你要记住，对集合进行 pop()操作得到的元素是不确定的，因为集合是无序的，具体可以测试如下代码。

```
my_set = {"A","B","C"}
print(my_set.pop())
```

如果希望对字典排序，根据我们已学的技术，可以像下面这样进行。

图 16-2 为在 Python 3.6 中运行的示例。

图 16-2

直接使用 sorted()函数即可对字典排序，还可以指定按照键或值进行排序，例如按照字典值升序排列。

```
my_dict = {}
my_dict["A"] = "4"
my_dict["B"] = "3"
my_dict["C"] = "2"
my_dict["D"] = "1"
sorted_dict = sorted(my_dict.items(),key=lambda x:x[1])
print(sorted_dict)
```

运行结果为按照字典值升序排列。这里需要注意的是 lambda 匿名函数，后面的章节会详细讲解它。

```
[('D', '1'), ('C', '2'), ('B', '3'), ('A', '4')]
```

如无特别说明，直接使用 sorted()函数即可对集合排序。

16.2.3 字典与集合的效率问题

字典与集合的效率问题的主要对比对象是列表。假设现在有一组学号和体重的数据，需要判断出不同体重的学生人数。

需求描述如下：

有 4 个学生，按照学号排序形成的元组为(1,90)，(2,90)，(3,60)，(4,100)，最终的结果输出为 3（存在 3 个不同的体重）。

按照需求编写代码如下。

列表写法。

```
def find_unique_weight(students):
    # 声明一个统计列表
    unique_list = []
    # 循环所有学生数据
    for id, weight in students:
        # 如果该体重没有在统计列表中
        if weight not in unique_list:
            # 则新增体重数据
            unique_list.append(weight)
    # 计算列表长度
    ret = len(unique_list)
    return ret

students = [
    (1, 90),
    (2, 90),
    (3, 60),
    (4, 100)
]
print(find_unique_weight(students))
```

集合写法。

```
def find_unique_weight(students):
    # 声明一个统计集合
    unique_set = set()
    # 循环所有学生数据
    for id, weight in students:
        # 集合会自动过滤重复数据
        unique_set.add(weight)
    # 计算集合长度
    ret = len(unique_set)
    return ret
```

从代码上看，并没有太大的差异。我们可以把数据扩大到更大量级，例如上万条数据。

下面来计算一下二者的差异。核心是使用 time.perf_counter()函数，第一次调用该函数时，其从计算机系统里随机选择时间点 A，计算其距离当前时间点 B1 有多少秒。第二次调用该函数时，其默认从第一次调用的时间点 A 算起，计算距离当前时间点 B2 有多少秒。

取两个函数差值，即可得到从时间点 B1 到 B2 的时间。首先结合列表计算函数，运行下面的代码：

```
import time
id = [x for x in range(1, 10000)]
# 为了计算方便，体重数据也只能从 1 到 10000
weight = [x for x in range(1, 10000)]
students = list(zip(id, weight))

start_time = time.perf_counter()
# 调用列表计算函数
find_unique_weight(students)
end_time = time.perf_counter()
print("运算时间为：{}".format(end_time - start_time))
```

运行时间为 1.7326523s。每台计算机的运行速度不一样，具体结果以本地计算机为准。

再使用集合计算函数，最终得到的结果为 0.0030606s。可以看到，在 10000 条数据的量级下就已经产生了如此大的差异，如果进一步扩大量级，差异会加大。

17

列表推导式与字典推导式

17.1 列表推导式

列表推导式可以利用列表、元组、字典、集合等数据类型，快速生成一个用于特定目的的列表。

语法格式如下：

```
[表达式 for 迭代变量 in 可迭代对象 [if 条件表达式]]
```

if 条件表达式非必选，学完列表推导式之后，你会发现它就是 for 循环的一个变体语句，例如现有一个将列表中的所有元素都变成原值的 2 倍的需求。

for 循环写法：

```
my_list = [1,2,3]
new_list = []
for i in my_list:
    new_list.append(i*2)

print(new_list)
```

列表推导式写法：

```
nn_list = [i*2 for i in my_list]
print(nn_list)
```

对比两种写法，列表推导式写法就是将 for 循环语句做了变形，并增加了一个中括号（[]）。不过需要注意的是，列表推导式最终会将得到的各个结果组成一个新的列表。

再看一下列表推导式的语法构成：nn_list = [i*2 for i in my_list]，for 关键字后面是一个普通的循环，前面的表达式 i*2 中的 i 是 for 循环中的变量，也就是说表达式可以用后面 for 循环迭代产生的变量。理解了这一点，列表推导式就已经掌握到九成了，剩下的是熟练度的问题。

将 if 语句放入代码中运行，你也能掌握基本技巧。if 语句是一个判断，其中的 i 是前面循环产生的迭代变量。

```
nn_list = [i*2 for i in my_list if i>1]
print(nn_list)
```

这些都是基础知识，掌握语法格式即可。列表推导式支持两层 for 循环，例如下述代码：

```
nn_list = [(x,y) for x in range(3) for y in range(3) ]
print(nn_list)
```

当然，如果你想加密代码（让任何人都看不懂你的代码），那么可以对代码进行无限嵌套，列表推导式对循环层数并没有限制，多层循环就是一层一层地嵌套。下面展示一个 3 层的列表推导式。

```
nn_list = [(x,y,z,m) for x in range(3) for y in range(3) for z in range(3) f
or m in range(3)]
print(nn_list)
```

多层列表推导式依旧支持 if 语句，并且 if 后面可以用前面所有迭代产生的变量。不过建议列表推导式不要超过两层嵌套，否则会大幅降低代码的可读性。

如果你希望代码更加难读，那么下面的写法都是正确的。

```
nn_list = [(x, y, z, m) for x in range(3) if x > 1 for y in range(3) if y >
1 for z in range(3) for m in range(3)]
print(nn_list)
nn_list = [(x, y, z, m) for x in range(3) for y in range(3) for z in range(3
) for m in range(3) if x > 1 and y > 1]
print(nn_list)
nn_list = [(x, y, z, m) for x in range(3) for y in range(3) for z in range(3
) for m in range(3) if x > 1 if y > 1]
print(nn_list)
```

现在我们已经对列表推导式有比较直观的概念了。列表推导式对应的英文是 list omprehension，有的地方写作列表解析式，基于它最后计算出的结果值，它是一种创建列表的语法，并且是很简洁的语法。

同一个操作，如果有两种不同的写法，我们就要对比一下效率。经测试，在少量数据下，二者的差异不大，当循环次数达到千万级时，出现了一些差异。

```
import time
def demo1():
    new_list = []
    for i in range(10000000):
        new_list.append(i*2)

def demo2():
    new_list = [i*2 for i in range(10000000)]
s_time = time.perf_counter()

demo2()
e_time = time.perf_counter()
print("代码运行时间：", e_time-s_time)
```

运行结果如下：

```
# for 循环
代码运行时间：1.3431036140000001
# 列表推导式
代码运行时间：0.9749278849999999
```

Python 3 中的列表推导式具有局部作用域，即表达式内部的变量和赋值只在局部起作用，上下文的同名变量也可以被正常引用，局部变量并不会影响它们。所以列表推导式不会有变量泄漏的问题，例如下面的代码：

```
x = 6
my_var = [x*2 for x in range(3)]

print(my_var)
print(x)
```

列表推导式支持嵌套，参考代码如下：

```
my_var = [y*4 for y in [x*2 for x in range(3)]]
print(my_var)
```

17.2 字典推导式

有了列表推导式的基础，字典推导式学起来就非常简单了，其语法格式如下：

```
{键:值 for 迭代变量 in 可迭代对象 [if 条件表达式]}
```

示例代码如下：

```
my_dict = {key: value for key in range(3) for value in range(2)}
print(my_dict)
```

得到的结果如下：

```
{0: 1, 1: 1, 2: 1}
```

需要注意的是，字典中不能出现同名 key，第二次出现时就会把第一个值覆盖掉，所以得到的 value 都是 1。

最常见的还是下面的代码，遍历一个具有键-值关系的可迭代对象。

```
my_tuple_list = [('name', '橡皮擦
'), ('age', 18),('class', 'no1'), ('like', 'python')]
my_dict = {key: value for key, value in my_tuple_list}
print(my_dict)
```

17.3 元组推导式与集合推导式

你应该能猜到，在 Python 中也会存在这两种推导式，想必它们的语法你也猜到了。虽然它们的语法相差无几，但元组推导式的运行结果不同，具体如下：

```
my_tuple = (i for i in range(10))
print(my_tuple)
```

产生的结果如下：

```
<generator object <genexpr> at 0x0000000001DE45E8>
```

元组推导式生成的结果并不是元组，而是一个生成器对象。这里需要特别注意一下，这种语法在有的地方被叫作生成器语法，不叫元组推导式。

集合推导式也有一个需要注意的地方，先看代码：

```
my_set = {value for value in 'HelloWorld'}
print(my_set)
```

因为集合中的元素是无序且不重复的，所以集合推导式会自动去掉重复的元素，并且每次运行后元素的顺序不一样。这一点需要特别注意。

18

lambda表达式

18.1 lambda 表达式的基本使用

lambda 表达式也叫作匿名函数，在定义它的时候，并没有指定具体的名称。lambda 表达式一般用来快速定义单行函数。下面看一下它的基本用法：

```
fun = lambda x:x+1
print(fun(1))
```

上面代码使用 lambda 表达式定义了一个单行函数，该函数没有函数名，它的功能是对 x 进行+1 操作。

稍微整理一下语法格式：

```
lambda [参数列表]:表达式
# 英文语法格式
lambda [arg1[,arg2,arg3….argN]]:expression
```

关于该语法格式，有一些注意事项：

◎ lambda 表达式必须使用 lambda 关键字定义。

◎ 在 lambda 关键字后面，冒号的前面是参数列表，参数数量可以是任意值。多个参数之间用逗号分隔，冒号的右边是 lambda 表达式的返回值。

如果你希望将其变为一般函数形式，那么对应代码如下：

```
fun = lambda x:x+1
# 改写后函数形式如下:
def fun(x):return x+1
```

如果你感觉变量 fun 也多余（匿名函数就不该出现这些多余的东西），那么可以写成下面这种形式，不过代码的可读性会变差。

```
print((lambda x:x+1)(1))
```

lambda 表达式一般用于无须多次调用的函数，并且使用完该函数后就释放其占用的空间。

18.2 lambda 表达式与 def 定义函数的区别

第 1 点：一个有函数名，一个没有函数名。

第 2 点：lambda 表达式冒号（:）的后面只能有一个表达式，如果提供多个则会出现错误，例如下面的代码是错误的。

```
# 都是错误的
lambda x:x+1 x+2
```

由于这个原因，很多人把 lambda 表达式称为单表达式函数。

第 3 点：for 语句不能用在 lambda 表达式中。

有的地方说 if 语句和 print 语句不能用在 lambda 表达式中，该描述不准确，例如下面的代码就是正确的。

```
lambda a: 1 if a > 10 else 0
```

最终的结论是：lambda 表达式只允许包含一个表达式，不能包含复杂语句。该表达式的运算结果是函数的返回值。

第 4 点：lambda 表达式不能共享给别的程序。

第 5 点：lambda 表达式能作为其他数据类型的值。

例如下面的代码使用 lambda 表达式是没有问题的：

```
my_list = [lambda a: a**2, lambda b: b**2]
fun = my_list[0]
print(fun(2))
```

18.3 lambda 表达式的应用场景

lambda 表达式常见的应用场景如下。

1．将 lambda 表达式赋值给一个变量，然后调用这个变量。

前文提及的多是该用法：

```
fun = lambda a: a**2
print(fun(2))
```

2．将 lambda 表达式赋值给其他函数，从而替换其他函数的功能。

一般这种情况是为了屏蔽某些功能，例如，屏蔽内置的 sorted()函数：

```
sorted = lambda *args:None
x = sorted([3,2,1])
print(x)
```

3．将 lambda 表达式作为参数传递给其他函数。

某些函数是可以接受匿名函数作为参数的，例如下面的排序代码：

```
my_list = [(1, 2), (3, 1), (4, 0), (11, 4)]
my_list.sort(key=lambda x: x[1])
print(my_list)
```

在 my_list 变量调用 sort()函数时，为参数 key 赋值了一个 lambda 表达式。该表达式表示依据列表中每个元素的第二项进行排序。

4．将 lambda 表达式应用在 filter()、map()、reduce()高阶函数中。

5．将 lambda 表达式用作函数的返回值。

这样做的结果是函数的返回值也是一个函数，测试代码如下：

```
def fun(n):
    return lambda x:x+n

new_fun = fun(2)
print(new_fun)
# 输出内容：<function fun.<locals>.<lambda> at 0x00000000028A42F0>
```

在上面代码中，lambda 表达式实际上是某个函数内部的函数，称为嵌套函数，或者内部函数。

对应地，包含嵌套函数的函数称为外部函数。内部函数能够访问外部函数的局部变量，这个特性是闭包（Closure）编程的基础，后面章节会介绍闭包编程相关的知识。

18.4 不要滥用 lambda 表达式

lambda 表达式虽然简单，但是不应过度使用它，最新的官方 Python 风格指南 PEP8 建议，永远不要编写下面形式的代码：

```
normalize_case = lambda s: s.casefold()
```

如果你想创建一个函数并将其存储到变量中，那么请使用 def 定义函数。

不必要的封装

这里我们实现一个列表的排序，并按照绝对值大小排序：

```
my_list = [-1,2,0,-3,1,1,2,5]
sorted_list = sorted(my_list, key=lambda n: abs(n))
print(sorted_list)
```

上面的代码用到了 lambda 表达式，但是在 Python 中所有的函数其实都可以作为参数来传递，因此以上代码应该这样编写：

```
my_list = [-1,2,0,-3,1,1,2,5]
sorted_list = sorted(my_list, key=abs)
print(sorted_list)
```

结论：当有一个满足要求的函数时，就没有必要额外使用 lambda 表达式了。

19 内置函数filter()、map()、reduce()、zip()、enumerate()

19.1 filter()函数

filter()函数原型如下：

```
filter(function or None, iterable) --> filter object
```

第一个参数为判断函数（返回结果为 True 或者 False）；第二个参数为序列。该函数将对 iterable 序列依次执行 function(item)操作，返回结果是过滤之后的结果组成的序列。

简单记忆：该函数对序列中的元素进行筛选，以获取符合条件的序列。例如：

```
my_list = [1, 2, 3]
my_new_list = filter(lambda x: x > 2, my_list)
print(my_new_list)
```

返回结果为<filter object at 0x0000000001DC4F98>。使用 list() 函数可以输出序列内容。

19.2 map()函数

map()函数原型如下：

```
map(func, *iterables) --> map object
```

该函数运行之后生成一个列表。第一个参数为函数，第二个参数为一个或多个序列。

下面是一个简单的测试示例：

```
my_list = [-1,2,-3]
my_new_list = map(abs,my_list)
print(my_new_list)
```

上面代码运行后，得到的结果是<map object at 0x0000000002860390>。使用print(list(my_new_list)) 函数可以输出结果。

map()函数的第一个参数，可以有多个参数，当出现这种情况时，后面的第二个参数需要是多个序列。

```
def fun(x, y):
    return x+y
# fun 函数有 2 个参数，故需要 2 个序列
my_new_list = map(fun, [1, 2, 3], [4, 4, 4])
print(my_new_list)
print(list(my_new_list))
```

map()函数解决的问题：

1. 使用 map()函数，不需要创建一个空列表。

2. 调用函数时，不需要带括号，map()函数会自动调用目标函数。

3. map()函数会自动匹配序列中的所有元素。

19.3 reduce()函数

reduce() 函数原型如下：

```
reduce(function, sequence[, initial]) -> value
```

第一个参数为函数，第二个参数为序列。该函数返回计算结果之后的值。该函数的价值在于滚动计算应用于列表中的连续值。

测试代码如下：

```
from functools import reduce
my_list = [1, 2, 3]

def add(x, y):
    return x+y
```

```
my_new_list = reduce(add, my_list)
print(my_list)
print(my_new_list)
```

最终的结果是 6。可以设置第三个参数为 4，运行代码看看结果。最后得到的结论是，第 3 个参数表示初始值，即累加操作初始的数值。

```
my_new_list = reduce(add, my_list,4)
print(my_list)
print(my_new_list)
```

简单记忆：该函数对序列内所有元素进行累加操作。

19.4 zip()函数

zip()函数原型如下：

```
zip(iter1 [,iter2 […]]) --> zip object
```

zip()函数以可迭代的对象为参数，将对象中对应的元素打包成一个个元组，然后返回由这些元组组成的列表。

如果各个迭代对象的元素个数不一样，则返回列表的长度与最短的对象相同。利用星号（*）操作符，可以将元组解压为列表。

测试代码如下：

```
my_list1 = [1,2,3]
my_list2 = ["a","b","c"]
print(zip(my_list1,my_list2))
print(list(zip(my_list1,my_list2)))
```

下面的代码展示了如何使用星号（*）操作符：

```
my_list = [(1, 'a'), (2, 'b'), (3, 'c')]
print(zip(*my_list))
print(list(zip(*my_list)))
```

输出结果如下：

```
<zip object at 0x0000000002844788>
[(1, 2, 3), ('a', 'b', 'c')]
```

简单记忆：zip()函数的功能是映射多个容器的相似索引，可以用来构造字典。

19.5 enumerate()函数

enumerate()函数原型如下：

```
enumerate(iterable, start=0)
```

参数说明。

◎ **sequence：** 一个序列、迭代器或其他支持迭代的对象。

◎ **start：** 下标起始的位置。

该函数可以将一个可遍历的数据对象组合为一个索引序列，同时列出数据和数据下标，一般用在 for 循环中。

测试代码如下：

```
weekdays = ['Mon', 'Tus', 'Wen', 'Thir']
print(enumerate(weekdays))
print(list(enumerate(weekdays)))
```

返回结果为<enumerate object at 0x0000000002803AB0>。

20 函数装饰器

20.1 装饰器的基本使用

装饰器（Decorators）在 Python 中主要用于改变函数的功能，而改变的前提是不改动原函数代码。装饰器返回一个函数对象，所以有的地方会把装饰器叫作“函数的函数”。

还存在一种设计模式叫作“装饰器模式”，这个后续章节会有所涉及。

调用装饰器，使用 at 符号（@），它是 Python 提供的编程语法糖，使用它之后会让代码看起来更加 Pythonic。

装饰器常见的一个应用案例就是统计某个函数的运行时间。例如下面的代码：

```
import time
def fun():
    i = 0
    while i < 1000:
        i += 1
def fun1():
    i = 0
    while i < 10000:
        i += 1
s_time = time.perf_counter()
fun()
e_time = time.perf_counter()
print(f"函数{fun.__name__}运行时间是：{e_time-s_time}")
```

如果希望给每个函数都加上调用时间，那么工作量是巨大的，需要重复修改函数的内部代码，或者修改函数调用位置的代码。在这种需求下，装饰器语法就出现了。

先看第一种修改方法，这种方法没有增加装饰器，而是编写了一个通用的函数，利用 Python 中函数可以作为参数这一特性，实现了代码的复用。

```
import time
def fun():
    i = 0
    while i < 1000:
        i += 1

def fun1():
    i = 0
    while i < 10000:
        i += 1

def go(fun):
    s_time = time.perf_counter()
    fun()
    e_time = time.perf_counter()
    print(f"函数{fun.__name__}运行时间是：{e_time-s_time}")
if __name__ == "__main__":
    go(fun1)
```

下面这种技巧会涉及 Python 中的装饰器语法，具体修改如下：

```
import time

def go(func):
    # 这里的 wrapper 函数名可以为任意名称
    def wrapper():
        s_time = time.perf_counter()
        func()
        e_time = time.perf_counter()
        print(f"函数{func.__name__}运行时间是：{e_time-s_time}")
    return wrapper

@go
def func():
    i = 0
    while i < 1000:
        i += 1
```

```
@go
def func1():
    i = 0
    while i < 10000:
        i += 1

if __name__ == '__main__':
    func()
```

注意看代码中的 go()函数部分，它的参数 func 是一个函数，其返回值是一个内部函数。执行该代码之后相当于给原函数注入了计算时间的代码。在代码调用部分没有做任何修改，函数 func()本身就具备很多功能（例如计算运行时间的功能）。

装饰器函数成功地拓展了原函数的功能，而又不需要修改原函数的代码。学习这个案例之后，你也初步了解了装饰器的用法。

20.2 对带参数的函数进行装饰

阅读下面的代码，了解如何对带参数的函数进行装饰。

```
import time

def go(func):
    def wrapper(x, y):
        s_time = time.perf_counter()
        func(x, y)
        e_time = time.perf_counter()
        print(f"函数{func.__name__}运行时间是: {e_time-s_time}")
    return wrapper

@go
def func(x, y):
    i = 0
    while i < 1000:
        i += 1
    print(f"x={x},y={y}")

if __name__ == '__main__':
    func(33, 55)
```

下面我们说明一下参数的主要传递过程，如图 20-1 所示。

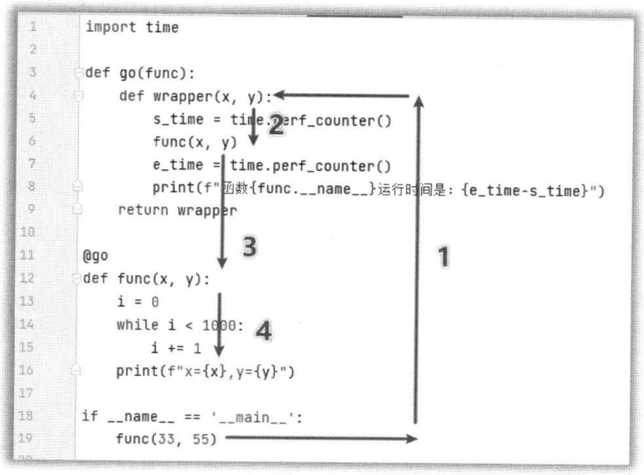

图 20-1

还有一种情况是装饰器本身带有参数，例如下面的代码：

```
def log(text):
    def decorator(func):
        def wrapper(x):
            print('%s %s():' % (text, func.__name__))
            func(x)
        return wrapper
    return decorator

@log('执行')
def my_fun(x):
    print(f"我是 my_fun 函数，我的参数 {x}")

my_fun(123)
```

对于以上代码，在编写装饰器函数时，在函数外层又嵌套了一层函数，最终代码的运行顺序如下所示。

```
my_fun = log('执行')(my_fun)
```

综上，我们得到下面结论：使用带有参数的装饰器，是在装饰器外面又包裹了一个函数，使用该函数接受参数，并且返回一个装饰器函数。

还有一点需要注意：装饰器只能接受一个参数，而且必须是函数类型，如图 20-2 所示。

```
def log(text):
    def decorator(func):
        def wrapper(x):
            print('%s %s():' % (text, func.__name__))
```

图 20-2

20.3 多个装饰器

先阅读下面的代码，再进行学习与研究。

```
import time

def go(func):
    def wrapper(x, y):
        s_time = time.perf_counter()
        func(x, y)
        e_time = time.perf_counter()
        print(f"函数{func.__name__}运行时间是：{e_time-s_time}")
    return wrapper

def gogo(func):
    def wrapper(x, y):
        print("我是第二个装饰器")
    return wrapper

@go
@gogo
def func(x, y):
    i = 0
    while i < 1000:
        i += 1
    print(f"x={x},y={y}")

if __name__ == '__main__':
    func(33, 55)
```

代码运行后，输出结果为

```
我是第二个装饰器
函数wrapper运行时间是：0.0034401339999999975
```

使用多个装饰器非常简单，但是问题也出现了，print(f"x={x},y={y}")这段代码的运行结果丢失了，这就涉及多个装饰器执行顺序的问题了。

先解释一下装饰器的装饰顺序。

```
import time
def d1(func):
    def wrapper1():
        print("装饰器 1 开始装饰")
        func()
        print("装饰器 1 结束装饰")
    return wrapper1

def d2(func):
    def wrapper2():
        print("装饰器 2 开始装饰")
        func()
        print("装饰器 2 结束装饰")
    return wrapper2

@d1
@d2
def func():
    print("被装饰的函数")

if __name__ == '__main__':
    func()
```

上面代码运行的结果为

```
装饰器 1 开始装饰
装饰器 2 开始装饰
被装饰的函数
装饰器 2 结束装饰
装饰器 1 结束装饰
```

可以看到输出是非常对称的，这也证明被装饰的函数在最内层。转换成函数调用的代码如下：

```
d1(d2(func))
```

这里需要注意的是，装饰器的外函数和内函数之间的语句没有装饰目标函数，而是在装载装饰器时的附加操作。

在对函数进行装饰时，外函数与内函数之间的代码会运行。

测试效果如下：

```
import time

def d1(func):
    print("我是 d1 内外函数之间的代码")
    def wrapper1():
        print("装饰器 1 开始装饰")
        func()
        print("装饰器 1 结束装饰")
    return wrapper1

def d2(func):
    print("我是  d2  内外函数之间的代码")
    def wrapper2():
        print("装饰器 2 开始装饰")
        func()
        print("装饰器 2 结束装饰")
    return wrapper2

@d1
@d2
def func():
    print("被装饰的函数")
```

运行结果如下：

```
我是 d2 内外函数之间的代码
我是 d1 内外函数之间的代码
```

d2()函数早于 d1()函数运行。

我们来回顾一下装饰器的概念：

◎ 被装饰的函数的名字被当作参数传递给装饰函数。

◎ 装饰函数执行自己内部的代码后，会将返回值赋给被装饰的函数。

因此前面的代码的运行过程是这样的：d1(d2(func))函数执行 d2(func)函数之后，原来的 func 函数名会指向 wrapper2 函数。执行 d1(wrapper2)函数之后，wrapper2 函数名又会指向 wrapper1 函数。因此当最后的 func()函数被调用时，代码已经被切换成如下代码了：

```
# 第一步
```

```
def wrapper2():
     print("装饰器 2 开始装饰")
     print("被装饰的函数")
     print("装饰器 2 结束装饰")

# 第二步
print("装饰器 1 开始装饰")
wrapper2()
print("装饰器 1 结束装饰")

# 第三步
def wrapper1():
    print("装饰器 1 开始装饰")
    print("装饰器 2 开始装饰")
    print("被装饰的函数")
    print("装饰器 2 结束装饰")
    print("装饰器 1 结束装饰")
```

第 3 步运行的代码，恰好与我们的代码输出一致。

现在再回到本小节一开始的案例，思考输出数据为何丢失了？

```
import time

def go(func):
    def wrapper(x, y):
        s_time = time.perf_counter()
        func(x, y)
        e_time = time.perf_counter()
        print(f"函数{func.__name__}运行时间是：{e_time-s_time}")
    return wrapper
def gogo(func):
    def wrapper(x, y):
        print("我是第二个装饰器")
    return wrapper

@go
@gogo
def func(x, y):
    i = 0
    while i < 1000:
        i += 1
    print(f"x={x},y={y}")
```

```
if __name__ == '__main__':
    func(33, 55)
```

在执行装饰器代码装饰函数之后，本来调用 func(33,55)函数，现在已经切换为调用 go(gogo(func))函数。运行 gogo(func)函数的代码转换为下面的代码：

```
def wrapper(x, y):
    print("我是第二个装饰器")
```

运行 go(wrapper)函数的代码转换为下面的代码：

```
s_time = time.perf_counter()
print("我是第二个装饰器")
e_time = time.perf_counter()
print(f"函数{func.__name__}运行时间是：{e_time-s_time}")
```

此时，你会发现在运行过程中参数被丢掉了。

20.4 functools.wraps

使用装饰器可以大幅提高代码的复用性，缺点是原函数的元信息丢失了，比如函数的__doc__、__name__属性。

```
# 装饰器
def logged(func):
    def logging(*args, **kwargs):
        print(func.__name__)
        print(func.__doc__)
        func(*args, **kwargs)
    return logging

# 函数
@logged
def f(x):
    """函数文档，说明"""
    return x * x

print(f.__name__) # 输出 logging
print(f.__doc__) # 输出 None
```

解决办法非常简单，导入 functools. wraps，并如下修改代码：

```
from functools import wraps
```

```
# 装饰器
def logged(func):
    @wraps(func)
    def logging(*args, **kwargs):
        print(func.__name__)
        print(func.__doc__)
        func(*args, **kwargs)
    return logging

# 函数
@logged
def f(x):
    """函数文档，说明"""
    return x * x

print(f.__name__) # 输出 f
print(f.__doc__)  # 输出 函数文档，说明
```

20.5 基于类的装饰器

在实际编码中，“函数装饰器”较为常见，“类装饰器”不是很常见。

基于类的装饰器与基于函数的装饰器的基本用法一致，先看一段代码：

```
class H1(object):
    def __init__(self, func):
        self.func = func

    def __call__(self, *args, **kwargs):
        return '<h1>' + self.func(*args, **kwargs) + '</h1>'

@H1
def text(name):
    return f'text {name}'

s = text('class')
print(s)
```

类 H1 有两个方法。

◎ **__init__()**：接受一个函数作为参数，该函数就是将被装饰的函数。

◎ **__call__**：让类对象可以调用，与函数调用相似，触发点是被装饰的函数被调用时。

“装饰器是类”和“类的装饰器”是不同的，前文提及的都是装饰器是类这个概念。你可以思考一下如何给类添加装饰器。

20.6 内置装饰器

常见的内置装饰器有@property、@staticmethod 及@classmethod。该部分内容在介绍面向对象时再详细介绍，这里只简单说明一下。

@property

把类内函数作为属性来使用必须返回值，相当于 getter。如果没有定义@func.setter 修饰函数，则其是只读属性。

@staticmethod

静态函数，不需要表示自身对象的 self 参数和自身类的 cls 参数，就跟普通函数一样。

@classmethod

类函数，不需要 self 参数，但第一个参数需要是表示自身类的 cls 参数。

21
闭包

21.1　闭包的基本操作

闭包，又叫作闭包函数、闭合函数，语法类似函数嵌套。

在 Python 中，调用一个 X()函数返回一个 Y()函数，这个返回的 Y()函数就是闭包。

在掌握任何技术前，都应该先看一下最基本的示例代码。

```
def func(parmas):
    # 内部函数
    def inner_func(p):
        print(f"外部函数参数{parmas}，内部函数参数{p}")
    return inner_func

inner = func("外")
inner("内")
```

上面代码的说明如下：

在调用 func("外")函数时产生了一个闭包函数 inner_func，该闭包函数在内部调用了外部函数 func 的参数 parmas。此时的 parmas 参数称为自由变量（概念性名词，了解即可）。

当函数 func 的声明周期结束后，parmas 变量依然存在，原因就是其被闭包函数 inner_func 调用了，所以不会被回收。

简单地学习了闭包之后，你就会发现，在前面对装饰器的讲解中我们已经使用了闭包。

这里对前文中的代码进行注释，以帮助你理解闭包函数的实现。

```
# 定义外部（外层）函数
def func(parmas):
    # 定义内部（内层）函数
    def inner_func(p):
        print(f"外部函数参数{parmas}，内部函数参数{p}")
    # 一定要返回内层函数
    return inner_func


# 调用外层函数,赋值给一个新变量inner,此时的inner相当于内层函数,并且保留了自由变量 params
inner = func("外")
inner("内")
```

综上，实现一个闭包需要以下几步：

1. 必须有一个内函数。
2. 内函数必须使用外函数的变量，若不使用外函数的变量，闭包就毫无意义。
3. 外函数的返回值必须是内函数。

21.2 闭包的作用域

学习之前，先看示例代码：

```
def outer_func():
    my_list = []

    def inner_func(x):
        my_list.append(len(my_list)+1)
        print(f"{x}-my_list:{my_list}")

    return inner_func
test1 = outer_func()
test1("i1")
test1("i1")
test1("i1")
test1("i1")
```

```
test2 = outer_func()
test2("i2")
test2("i2")
test2("i2")
test2("i2")
```

上面代码中的自由变量 my_list 的作用域，只跟每次调用外函数时生成的变量有关，闭包的每个实例引用的变量之间互不干扰。

21.3 闭包的作用

通过前面的讲解，我们已经对闭包的作用有初步的了解了。

这里再强调一下，闭包操作中会涉及作用域的问题。闭包最终实现的目标是：让局部变量脱离函数本身的作用域，以便可以自由访问它。

```
def outer_func():

    msg = "梦想橡皮擦"
    def inner_func():
        print(msg)
return inner_func

outer = outer_func()
outer()
```

如果你对本书前面介绍的作用域相关知识点还有印象，那么应该知道局部变量仅在函数的执行期间可用，也就是在 outer_func()函数执行后，msg 变量就不可用了。但是上面的代码在执行了 outer_func()函数之后，再调用 outer()函数时，也输出了 msg 变量的值，这就是闭包的作用——在函数外部访问局部变量。

再扩展一下相应的理论：在这种情况下可以把局部变量当作全局变量使用。

最后强调一下闭包的作用：保存了一些非全局变量，即保证局部信息不被销毁。

21.4 判断闭包函数

可通过函数名_ _closure_ _判断一个函数是否是闭包函数。

```
def outer_func():
    msg = "梦想橡皮擦"
    def inner_func():
        print(msg)
    return inner_func
outer = outer_func()
outer()
print(outer.__closure__)
```

运行代码，输出结果如下所示。其中的对象地址根据计算机的不同可能不同，忽略即可，主要看格式。

```
(<cell at 0x0000000002806D68: str object at 0x0000000001D46718>,)
```

在返回的元组中，第一项是 cell，即闭包函数。

21.5 闭包存在的问题

闭包主要存在地址和值的问题，这是操作系统底层原理导致的。这里先看一个非常经典的案例：

```
def count():
    fs = []
    for i in range(1, 4):
        def f():
            return i
        fs.append(f)
    return fs
f1, f2, f3 = count()
print(f1())
print(f2())
print(f3())
```

上面的代码不是简单地返回一个闭包函数，而是返回一个包含 3 个闭包函数的列表。

运行代码，输出 3 个 3。学过引用和值相关知识的同学都知道，上面代码中的 i 指向的是一个地址，而不是具体的值，这就导致在循环结束后，i 指向的那个地址的值等于 3。

学习了本案例之后，请记住下面这句话：

尽量避免在闭包中引用循环变量，或者后续会发生变化的变量。

22

Python中的日期与时间

22.1 日期/时间模块简介

在 Python 中是没有原生数据类型来支持时间操作的，日期与时间的操作需要借助 3 个模块，分别是 time、datetime 和 calendar。

- ◎ Time 模块可以操作 C 语言库中的时间相关函数，也可以获取时钟时间与处理器运行时间。
- ◎ datetime 模块提供了日期与时间的高级接口。
- ◎ calendar 模块提供了通用日历相关函数，用于创建数周、数月、数年的周期性事件。

在学习这几个模块之前，补充介绍一些术语，你把这些术语当成惯例即可。Python 官方文档中也有相关说明，不过信息比较多，这里为你摘录必须掌握的部分。

纪元（epoch）是开始的时间点，其值取决于平台。

对于 UNIX，epoch 是 1970 年 1 月 1 日 00:00:00（UTC）。要找出给定平台的 epoch，请使用 time.gmtime(0)函数，例如橡皮擦的计算机显示：

```
time.struct_time(tm_year=1970, tm_mon=1, tm_mday=1, tm_hour=0, tm_min=0, tm_
sec=0, tm_wday=3, tm_yday=1, tm_isdst=0)
```

术语纪元秒数指自 epoch 时间点以来经过的总秒数，通常不包括闰秒。在所有符合 POSIX 标准的平台上，闰秒都不会包含在总秒数中。

开发者常把纪元秒数称为时间戳。

22.2 time 时间模块

该模块的核心作用是控制时钟时间。

22.2.1 get_clock_info()函数

该函数用于获取时钟的基本信息，得到的值因系统不同存在差异，函数原型比较简单。

```
time.get_clock_info(name)
```

其中，name 可以取下述值。

◎ **monotonic**：time.monotonic()。

◎ **perf_counter**：time.perf_counter()。

◎ **process_time**：time.process_time()。

◎ **thread_time**：time.thread_time()。

◎ **time**：time.time()。

该函数的返回值具有以下属性。

◎ **adjustable**：为 True 或者 False。如果时钟可以自动更改（例如通过 NTP 守护程序）或由系统管理员手动更改，则为 True，否则为 False。

◎ **implementation**：用于获取时钟值的基础 C 函数的名称，就是说我们可以调用底层 C 函数。

◎ **monotonic**：如果时钟不能倒退，则为 True，否则为 False。

◎ **resolution**：以秒为单位的时钟分辨率（float）。

```
import time
available_clocks = [
    ('clock', time.clock),
    ('monotonic', time.monotonic),
    ('perf_counter', time.perf_counter),
    ('process_time', time.process_time),
    ('time', time.time),
]
```

```
for clock_name, func in available_clocks:
    print('''
    {name}:
        adjustable    : {info.adjustable}
        implementation: {info.implementation}
        monotonic     : {info.monotonic}
        resolution    : {info.resolution}
        current       : {current}
    '''.format(
        name=clock_name,
        info=time.get_clock_info(clock_name),
        current=func()))
```

注意：Python 3.8 不再支持 clock()函数，使用 time.perf_counter()函数代替。

代码运行结果如图 22-1 所示。

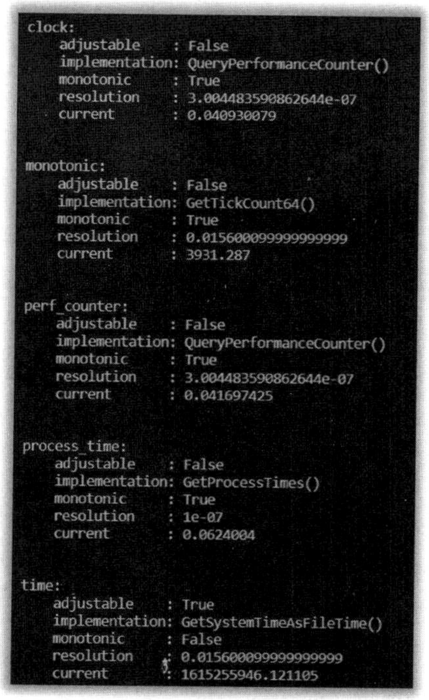

```
clock:
    adjustable    : False
    implementation: QueryPerformanceCounter()
    monotonic     : True
    resolution    : 3.004483590862644e-07
    current       : 0.040930079


monotonic:
    adjustable    : False
    implementation: GetTickCount64()
    monotonic     : True
    resolution    : 0.015600099999999999
    current       : 3931.287


perf_counter:
    adjustable    : False
    implementation: QueryPerformanceCounter()
    monotonic     : True
    resolution    : 3.004483590862644e-07
    current       : 0.041697425


process_time:
    adjustable    : False
    implementation: GetProcessTimes()
    monotonic     : True
    resolution    : 1e-07
    current       : 0.0624004


time:
    adjustable    : True
    implementation: GetSystemTimeAsFileTime()
    monotonic     : False
    resolution    : 0.015600099999999999
    current       : 1615255946.121105
```

图 22-1

可以看到，在橡皮擦的计算机上通过 clock()函数与 perf_counter()函数调用底层 C 函数，所得结果是一致的。

22.2.2 获取时间戳

在 Python 中，可通过 time.time()函数获取纪元秒数，它可以把从 epoch 开始之后经过的秒数以浮点数格式返回。

```
import time
print(time.time())
# 输出结果 1615257195.558105
```

时间戳经常用在与计算时间相关的程序中，属于必须掌握的知识点。

22.2.3 获取可读时间

时间戳的可读性比较差，如果希望获取可读的时间，则可以使用 ctime()函数。

```
import time
print(time.ctime())
# 输出内容：Tue Mar  9 10:35:51 2021
```

使用 localtime()函数可将时间戳转换为可读时间。

```
localtime = time.localtime(time.time())
print("本地时间为 :", localtime)
```

输出结果为<class 'time.struct_time'>类型数据，可对其进行格式化。

```
本地时间
为 : time.struct_time(tm_year=2021, tm_mon=3, tm_mday=9, tm_hour=10, tm_min=
37, tm_sec=27, tm_wday=1, tm_yday=68, tm_isdst=0)
```

上面代码中的时间戳最小值是 0，最大值由 Python 环境和操作系统决定。橡皮擦使用 64 位的操作系统进行了测试，得到的数据如下。

```
import time

localtime = time.localtime(0)
print("时间为 :", localtime)
# 时间
为 : time.struct_time(tm_year=1970, tm_mon=1, tm_mday=1, tm_hour=8, tm_min=0
, tm_sec=0, tm_wday=3, tm_yday=1, tm_isdst=0)
localtime = time.localtime(32536799999)
print("时间为 :", localtime)
```

```
# 时间
为 : time.struct_time(tm_year=3001, tm_mon=1, tm_mday=19, tm_hour=15, tm_min
=59, tm_sec=59, tm_wday=0, tm_yday=19, tm_isdst=0)
localtime = time.localtime(99999999999)
print("时间为 :", localtime)
# OSError: [Errno 22] Invalid argument
print(type(localtime))
```

22.2.4 单调时间 monotonic time

monotonic time()函数从系统启动时开始计时，从 0 开始单调递增。

操作系统的时间可能不是从 0 开始的，而且会因为时间出错而回调。

该函数原型如下，不需要任何参数，返回一个浮点数，表示小数秒内的单调时钟的值。

```
time.monotonic()
```

测试代码如下：

```
print("单调时间",time.monotonic())
# 输出：单调时间 12279.244
```

22.2.5 处理器时钟时间

time()函数返回的是纪元秒数（时间戳），clock()函数返回的是处理器时钟时间。

该函数的返回值如下：

- ◎ 在第一次调用时，返回的是程序运行的实际时间。
- ◎ 第二次及以后的调用，返回的是自第一次调用后到这次调用的时间间隔。

需要注意，Python3.8 中已移除了 clock()函数，使用 time.perf_counter()或 time.process_time()函数代替。

```
t0 = time.clock()
# 运行一段代码
print(time.clock() - t0, "程序运行时间")
```

橡皮擦使用的 Python 版本较高，提示异常如下：

```
time.clock has been deprecated in Python 3.3 and will be removed from Python
 3.8: use time.perf_counter or time.process_time instead t0 = time.clock()
```

22.2.6 性能计数器 time.perf_counter

perf_counter()函数的 epoch 是未定义的，一般使用该函数都是进行比较计算，不用作绝对时间，需要注意这一点。

该函数用于测量较短的持续时间，包括睡眠状态消耗的时间，具有高有效精度的时钟，调用两次才会有效。

测试代码如下：

```
t0 = time.perf_counter()
# 运行一段代码
for i in range(100000):
    pass
print("程序运行时间", time.perf_counter() - t0)
```

同类的函数还有 perf_counter_ns()、process_time()及 process_time_ns()，具体可以查询手册进行学习，这里先掌握 perf_counter()函数。

22.2.7 时间组件

前文已经涉及了时间组件相关的知识，通过 localtime()函数可得到 struct_time 类型的数据。

涉及的函数有 gmtime()，它返回 UTC 中的当前时间；localtime()函数返回当前时区对应的时间；mktime()函数接受 struce_time 类型的数据作为参数并将其转换成浮点型数值，即时间戳。

```
print("*"*10)
print(time.gmtime())
print("*"*10)
print(time.localtime())

print("*"*10)
print(time.mktime(time.localtime()))
```

上面代码返回的数据格式为

```
time.struct_time(tm_year=2021, tm_mon=3, tm_mday=9, tm_hour=12, tm_min=50, t
m_sec=35, tm_wday=1, tm_yday=68, tm_isdst=0)
```

其中各个值的含义如下。

◎ **tm_year：年份**（range[1,12]）。

◎ **tm_mon**：月份（range[1,12]）。

◎ **tm_mday**：天数（range[1,31]）。

◎ **tm_hour**：小时数（range[0,23]）。

◎ **tm_min**：分钟数（range[0,59]）。

◎ **tm_sec**：秒数（range[0,61]）。

◎ **tm_wday**：星期（range[0,6]，0 是星期日）。

◎ **tm_yday**：一年中的一天（range[1,366]）。

◎ **tm_isdst**：在夏令时生效时设置为 1，在非夏令时段设置为 0，–1 表示未知值。

22.2.8 解析和格式化时间

strptime()和 strftime()函数可以进行 struct_time 表示和字符串表示之间的相互转换。

关于 strftime()函数的参数（如图 22-2 所示）参考官方文档说明。

```
x = time.strftime("%Y-%m-%d %H:%M:%S", time.localtime())
print(x)
```

指令	意义
%a	本地化的缩写星期中每日的名称。
%A	本地化的星期中每日的完整名称。
%b	本地化的月缩写名称。
%B	本地化的月完整名称。
%c	本地化的适当日期和时间表示。
%d	十进制数 [01,31] 表示的月中日。
%H	十进制数 [00,23] 表示的小时（24小时制）。
%I	十进制数 [01,12] 表示的小时（12小时制）。
%j	十进制数 [001,366] 表示的年中日。
%m	十进制数 [01,12] 表示的月。
%M	十进制数 [00,59] 表示的分钟。
%p	本地化的 AM 或 PM 。
%S	十进制数 [00,61] 表示的秒。
%U	十进制数 [00,53] 表示的一年中的周数（星期日作为一周的第一天）。 在第一个星期日之前的新年中的所有日子都被认为是在第 0 周。
%w	十进制数 [0(星期日),6] 表示的周中日。
%W	十进制数 [00,53] 表示的一年中的周数（星期一作为一周的第一天）。 在第一个星期一之前的新年中的所有日子被认为是在第 0 周。
%x	本地化的适当日期表示。
%X	本地化的适当时间表示。
%y	十进制数 [00,99] 表示的没有世纪的年份。
%Y	十进制数表示的带世纪的年份。
%z	时区偏移以格式 +HHMM 或 -HHMM 形式的 UTC/GMT 的正或负时差指示，其中H表示十进制小时数字，M表示小数分钟数字 [-23:59, +23:59] 。
%Z	时区名称（如果不存在时区，则不包含字符）。
%%	字面的 '%' 字符。

图 22-2

以上知识点需要进行大量代码练习才可以熟练掌握。

strptime()函数的应用：

```
x = time.strftime("%Y-%m-%d %H:%M:%S", time.localtime())
print(x)
# 方向操作，将字符串格式化成 time.struct_time
struct_time = time.strptime(x, "%Y-%m-%d %H:%M:%S")
print(struct_time)
```

需要注意的是，strftime()与 strptime()函数的名称只有一个字符不同，一个是 f，一个是 p。

22.2.9 time 模块

time 模块中的 sleep()函数必须掌握。

对于模块的学习，最权威的资料就是官方手册。你可以通过搜索引擎找一下该函数的官方文档说明。

22.3 datetime 模块

该模块比 time 模块高级，并且对 time 模块进行了封装，提供的功能也更加强大了。

datetime 模块中有 5 个主要的对象类，分别如下。

◎ **datetime：** 允许同时操作时间和日期。

◎ **date：** 只操作日期。

◎ **time：** 只操作时间。

◎ **timedelta：** 操作日期及测量时间跨度。

◎ **tzinfo：** 处理时区。

22.3.1 date 类

以下列出该类的属性和方法，这些都是必须掌握的。

◎ **min、max：** date 对象能表示的最大、最小日期。

◎ **resolution：** date 对象表示日期的最小单位，返回天。

◎ **today()：** 返回表示当前本地日期的 date 对象。

◎ **fromtimestamp(timestamp)：** 根据时间戳返回一个 date 对象。

测试代码如下：

```
from datetime import date
import time
print('date.min:', date.min)
print('date.max:', date.max)
print('date.resolution:', date.resolution)
print('date.today():', date.today())
print('date.fromtimestamp():', date.fromtimestamp(time.time()))
```

输出结果：

```
date.min: 0001-01-01
date.max: 9999-12-31
date.resolution: 1 day, 0:00:00
date.today(): 2021-03-09
date.fromtimestamp(): 2021-03-09
```

date 对象的属性和方法

通过下面的代码创建一个 date 对象：

```
d = date(year=2021,month=3,day=9)
print(d)
```

该对象具有下面的属性和方法。

- **d.year**：返回年。
- **d.month**：返回月。
- **d.day**：返回日。
- **d.weekday()**：返回 weekday，如果是星期一，则返回 0，如果是星期二，则返回 1，依此类推。
- **d.isoweekday()**：返回 weekday，如果是星期一，则返回 1，如果是星期二，则返回 2，依此类推。
- **d.isocalendar()**：返回(year, wk num, wk day)格式的字符串。
- **d.isoformat()**：返回 YYYY-MM-DD 格式的字符串。
- **d.strftime(fmt)**：自定义格式化字符串，与 time 模块中的 strftime()函数类似。

22.3.2 time 类

time 类定义的类属性如下。

◎ **min、max：** time 类所能表示的最小、最大时间。其中，time.min = time(0, 0, 0, 0)，time.max=time(23, 59, 59, 999999)。

◎ **resolution：** 时间的最小单位，这里是 1 微秒。

通过其构造函数可以创建一个 time 对象。

```
t = time(hour=20, minute=20, second=40)
print(t)
```

time 类提供的实例方法和属性如下。

◎ **t.hour、t.minute、t.second、t.microsecond：** 时、分、秒、微秒。

◎ **t.tzinfo：** 时区信息。

◎ **t.isoformat()：** 返回 HH:MM:SS 格式的字符串。

◎ **t.strftime(fmt)：** 返回自定义格式化字符串。

22.3.3 datetime 类

该类是 date 类与 time 类的结合体。它的很多属性和方法在前面已经介绍过了，这里再补充一些比较常用的属性和方法。

获取当前日期与时间的方法 now()：

```
from datetime import datetime
dt = datetime.now()
print(dt)
```

获取时间戳的方法 timestamp()：

```
dt = datetime.now()
# 使用 datetime 类的内置函数 timestamp()
stamp = datetime.timestamp(dt)
print(stamp)
```

22.3.4 timedelta 类

通过 timedelta()函数可返回一个 timedelta 时间间隔对象。该函数没有必要的参数，如果写入一个整数就表示间隔多少天。

```
# 间隔 10 天
timedelta(10)
# 跨度为 1 周
timedelta(weeks=1)
```

两个时间间隔对象可以相加或相减，返回的仍是一个时间间隔对象。

如果一个 datetime 对象减去一个时间间隔对象，那么返回被减后的 datetime 对象。如果两个 datetime 对象相减，那么返回一个时间间隔对象。

22.4 calendar 模块

此模块中的函数都与日历相关，例如输出某月的字符月历。

calendar 模块定义了 Calendar 类，该类封装了值的计算，例如给出月份或年份中周的日期。通过 TextCalendar 和 HTMLCalendar 类可以生成预格式化的输出。

基本代码：

```
import calendar

c = calendar.TextCalendar(calendar.SUNDAY)
c.prmonth(2021, 3)
```

上面代码默认的输出以周日开始，输出结果如下：

```
     March 2021
Su Mo Tu We Th Fr Sa
    1  2  3  4  5  6
 7  8  9 10 11 12 13
14 15 16 17 18 19 20
21 22 23 24 25 26 27
28 29 30 31
```

该模块使用得不多，详细信息建议查阅官方手册。

23

global和nonlocal作用域

23.1 Python 中的作用域

本章讲述 Python 变量作用域的相关知识。变量的作用域指变量的有效作用范围，也就是说，Python 中的变量不是在任意位置都可以访问的。

一般情况下，变量的作用域分为块级、函数级、类级、模块级或包级等，级别由小到大。

Python 中是没有块级作用域的，所以以下代码是正确的。

```
if True:
    x = "hello world"
# 因为没有块级作用域，故 if 代码块中的变量 x 可以被外部访问
print(x)
```

在 Python 中，常见的块级作用域有 if 语句、for 语句、while 语句、with 上下文语句等。

作用域是程序可以直接访问一个变量的范围。Python 中的作用域一共有 4 种，分别如下。

- ◎ **L**（**Local**）：最内层，包含局部变量，例如函数（方法）内部。
- ◎ **E**（**Enclosing**）：包含非局部（nonlocal）也非全局（nonglobal）的变量。例如，在嵌套函数中，如果函数 A 包含函数 B，那么在函数 B 中访问函数 A 的变量，作用域就是 nonlocal，就是说它是闭包函数外的函数中的变量。
- ◎ **G**（**Global**）：代码最外层，全局变量。
- ◎ **B**（**Built-in**）：包含内建变量。

一个比较经典的案例如下：

```
# 内建作用域 Built-in
x = int(5/2)
# 全局作用域 Global
global_var = 0
def outer():
    # 闭包函数外的函数中 Enclosing
    out_var = 1
    def inner():
        # 局部作用域 Local
        inner_var = 2
```

在 Python 中，寻找变量的顺序是由内到外，先局部、后外部、再全局、最后内建，这种规则叫作 LEGB。

这里增加一点儿学习的趣味性，研究一下下面代码中变量是如何变化的。

```
len = len([])
def a():
    len = 1
    def b():
        len = 2
        print(len)
    b()
a()
```

23.2 global 关键字

定义在函数内部的变量拥有局部作用域，定义在函数外部的变量拥有全局作用域。

局部变量只能在声明它的函数内部访问，而全局变量可以在整个程序范围内访问。

```
# 全局变量
x = 0
def demo():
    # 此时的 x 是局部变量
    x = 123
    print("函数内是局部变量 x = ", x)

demo()
print("函数外是全局变量 x= ", x)
```

函数内部的输出结果是 123，函数外部的输出结果依旧是 0。

如果希望在函数内部（内部作用域）修改具有外部作用域的变量，则需要使用 global 关键字。

```
# 全局变量
x = 0
def demo():
    # 此时的 x 是全局变量
    global x
    x = 123
    print("函数内是局部变量 x = ", x)

demo()
print("函数外是全局变量 x= ", x)
```

此时的输出结果都是 123。还有一点需要注意，如果希望在函数内修改全局变量的值，则一定要将 global 关键字写在操作变量前。

```
def demo():
    # 此时的 x 是全局变量

    x = 123
    global x
    print("函数内是局部变量 x = ", x)
```

该代码会出现语法错误：

```
SyntaxError: name 'x' is assigned to before global declaration
```

还需要记住，如果在函数内部使用没有声明的变量，那么在不修改值的前提下，默认获取的是全局变量的值。

```
x = "全局变量"

def demo():
    print(x)

demo()
```

有一个常见的关于全局变量的面试真题，即求解下面代码的运行结果：

```
x = 10
def demo():
    x += 1
    print(x)
```

```
demo()
```

结论是报错，原因就是 demo()函数在运行时会先计算 x+1，但 Python 要求在计算之前对变量进行声明与赋值，可在函数内部并没有对 x 进行初始化，故报错。

22.3 nonlocal 关键字

如果要修改嵌套作用域（Enclosing）中的变量，则需要使用 nonlocal 关键字，测试代码如下。

```
def outer():
    num = 10

    def inner():
        # nonlocal 关键字
        nonlocal num
        num = 100
        print(num)
    inner()
    print(num)

outer()
```

注意，nonlocal 关键字只在 Python 3.x 版本中可用，在 Python 2.x 版本中使用会出现语法错误。

```
 nonlocal num
          ^
SyntaxError: invalid syntax`
```

关键字 nonlocal 不能代替关键字 global，例如下面的代码，注释掉外层函数的变量声明，就会出现 SyntaxError: no binding for nonlocal 'num' found 错误。

```
num = 10
def outer():
    # 注释掉本行
    # num = 10

    def inner():
        # nonlocal 关键字
        nonlocal num
```

```
        num = 100
        print(num)

    inner()
    print(num)

outer()
```

在多重嵌套中，使用 nonlocal 关键字只会上溯一层，如果上层无该变量，则会继续上溯。可以使用下面的代码进行验证：

```
num = 10
def outer():
    num = 100
    def inner():
        num = 1000
        def inner1():
            nonlocal num
            num = 10000
            print(num)
        inner1()
        print(num)

    inner()
    print(num)

outer()
```

可以通过 locals()和 globals()两个内置函数来查看局部变量和全局变量。

```
x = "全局变量"

def demo():
    y = "局部变量"
    print(locals())
    print(x)

demo()
print(globals())
print(locals())
```

24 Python中的哈希表与可哈希对象

24.1 哈希表（散列表）

首先我们学习一些概念，掌握这些概念对后续学习有很大的帮助。

◎ 哈希是从 Hash 音译过来的，哈希表（hashtable）也叫作散列表。

◎ 哈希表是键值对的无序集合，其中的每个键都是唯一的。它的核心算法是通过索引去查找值。Python 中的字典符合哈希表结构，字典中的每个键都对应一个值，如 my_dict={"key1": "value1","key2": "value2"}。

◎ 哈希是使用算法将任意大小的数据映射到固定长度输出的过程，该输出就是哈希值。

◎ 使用哈希算法可以创建高性能的数据结构，通过该结构可以快速存储和访问大量数据。通过哈希函数计算哈希值。

◎ 哈希函数本质上是建立键到值的映射关系。

◎ 哈希表本质上是一个数组，存储的是通过哈希函数计算出的值。

◎ 哈希值是唯一标识数据的固定长度的数值。

这些都属于概念层面的知识，了解一下即可，随着练习的增加会逐步掌握。

24.2 可哈希与不可哈希

官方文档对这部分内容的讲解比较绕，这里简单说一下结论（已经达成共识的）：如果一个对象（在 Python 中万物皆对象）在生命周期内保持不变，就是可哈希的（hashable）。

还有一个更简单的证明办法，即在 Python 中，能插入 set 集合的元素就是可哈希的，例如下面的代码：

```
my_set = set()
test = [1, 3.14, 'hello', (2, 3), {'key': 1}, [1, 2], {3,6}]
my_set.add(test[0])
my_set.add(test[1])
my_set.add(test[2])
my_set.add(test[3])
# my_set.add(test[4])
# my_set.add(test[5])
# my_set.add(test[6])
```

于是我们得到如下结论。

◎ 可以被哈希的数据结构有 int、float、str、tuple。

◎ 不可以被哈希的数据结构有 dict、list、set。

我们通过已经学到的知识，应该能够得到这个结论：可以被哈希的数据类型都是不可变的，而不可以被哈希的数据类型是可变的。请牢记该结论。

可哈希的对象，通常用作字典的键和集合的成员，因为这些数据结构在内部使用哈希值。

最终结论：可哈希≈不可变。

24.3 hash()函数

hash()函数用于获取一个对象的哈希值，语法为 hash(object)，返回值为对象的哈希值，哈希值是整数。

使用方式非常简单：

```
print(hash('test'))
print(hash(1))
# 注意下面使用不可哈希的对象会出现错误
# hash([1,2,3])
```

24.4 hashlib 模块

hashlib 模块提供了常见的摘要算法，具体如下：

md5()、sha1()、sha224()、sha256()、sha384()、sha512()、blake2b()、blake2s()、sha3_224()、sha3_256()、sha3_384()、sha3_512()、shake_128()、shake_256()。

使用 dir(hashlib)函数即可查看上述所有可用方法。

MD5 是最常见的摘要算法，其生成结果是固定的 16 字节长度，通常用一个 32 位的 16 进制字符串表示，示例代码如下：

```
import hashlib
# MD5 算法
md5 = hashlib.md5()
data = "hello world"
md5.update(data.encode('utf-8'))
# 计算哈希值,得到加密字符串
print(md5.hexdigest())
```

SHA1 算法更安全，它的结果是 20 字节长度，通常用一个 40 位的 16 进制字符串表示。比 SHA1 更安全的算法是 SHA256 和 SHA512 等。不过越安全的算法越慢，并且摘要长度更长。

25

Python内置模块之random

25.1　基本随机函数

random 库是 Python 用于生成随机数的标准库，包含的函数清单如下。

- ◎　**基本随机函数**：seed()、random()、getstate()、setstate()。
- ◎　**扩展随机函数**：randint()、getrandbits()、randrange()、choice()、shuffle()、sample()。
- ◎　**分布随机函数**：uniform()、triangular()、betavariate()、expovariate()、gammavariate()、gauss()、lognormvariate()、normalvariate()、vonmisesvariate()、paretovariate()、weibullvariate()。

函数名中单词 variate 出现的频率比较高，它是变量的意思，当作函数名固定后缀即可。

25.1.1　seed()与 random()函数

seed()函数用于初始化一个随机种子，默认是当前系统时间。

random()函数生成一个[0.0,1.0)区间内的随机小数。

具体代码如下：

```
import random
random.seed(10)
x = random.random()
print(x)
```

需要说明的是 random.seed()函数，它通过 seed()函数可以每次都生成相同的随机数，例如下面代码：

```
import random
random.seed(10)
x = random.random()
print(x)
random.seed(10)
y = random.random()
print(y)
```

在不同的代码中得到的随机值是不同的，但是 x 与 y 的值是相同的。

```
0.5714025946899135
0.5714025946899135
```

25.1.2 getstate()和 setstate(state)函数

getstate()函数用来记录随机数生成器的状态，setstate()函数用来将生成器恢复到上次记录的状态。

```
# 记录生成器的状态
state_tuple = random.getstate()
for i in range(4):
    print(random.random())
print("*"*10)
# 传入参数后恢复之前的状态
random.setstate(state_tuple)
for j in range(4):
    print(random.random())
```

两次输出的随机数一致。

```
0.10043296140791758
0.6183668665504062
0.6964328590693109
0.6702494141830372
**********
0.10043296140791758
0.6183668665504062
0.6964328590693109
0.6702494141830372
```

25.2 扩展随机函数

random 模块中包含如下扩展随机函数：

```
randint()、getrandbits()、randrange()、choice()、shuffle()、sample()
```

25.2.1 randint()和 randrange()函数

randint()函数生成一个[x,y]区间内的整数。

randrange()函数生成一个[m,n)区间内以 *k* 为步长的随机整数。

测试代码如下：

```
x = random.randint(1,10)
print(x)

y = random.randrange(1,10,2)
print(y)
```

这两个函数比较简单，其中 randint()函数原型如下：

```
random.randint(start,stop)
```

参数 start 表示最小值，参数 stop 表示最大值。它们组成的区间是一个闭区间，也就是 start 和 stop 的值都能被获取。

randrange()函数原型如下：

```
random.randrange(start,stop,step)
```

如果调用函数时只有一个参数，则默认区间为从 0 到该参数值。该函数与 randint()函数的区别在于，该函数的参数 stort 和 stop 组成的区间是左闭右开的，最后一个参数表示步长。

可以测试下面的代码看看效果：

```
for i in range(3):
    print("*"*20)
    print(random.randrange(10))
    print(random.randrange(5,10))
    print(random.randrange(5,100,5))
```

25.2.2 getrandbits(k)和 choice(seq)函数

getrandbits()函数生成一个 k 位长的随机整数，实际输出的是由 k 位二进制数转换成的十进制数。

```
x =  random.getrandbits(5)
print(x)
# 生成的随机数的长度是 00000-11111
```

getrandbits(k)函数可以简单描述如下：输出一个[0,2^k-1]范围内的随机整数，k 表示 2 进制数的位数。

choice()函数的应用比较简单，就是从列表中返回一个随机元素。

```
import random
my_list = ["a", "b", "c"]

print(random.choice(my_list))
```

25.2.3 shuffle(seq)和 sample(pop,k)函数

shuffle()函数用于将序列中的元素随机排序，而且原序列会被修改。

sample()函数用于从序列或者集合中随机选择 k 个元素，原序列不变。

```
my_list = [1,2,3,4,5,6,7,8,9]
random.shuffle(my_list)

print(my_list)
```

shuffle()函数只能用于可变序列，用于不可变序列（如元组）时会出现错误。

```
my_list = ["梦想", "橡皮擦", 1, 2, [3, 4]]
print(my_list)
ls = random.sample(my_list, 4)
print(ls)
```

25.3 分布随机函数

该部分包含的函数比较多，我们重点展示一些比较重要和常见的函数。

25.3.1 uniform(a,b)、betavariate 和 triangular 函数

uniform(a,b)、betavariate 和 triangular 函数的区别如下。

◎ uniform(a,b)函数生成一个[a,b]区间内的随机小数，采用等概率分布。

◎ betavariate(alpha,beta)函数生成一个 Beta 分布随机数，其中 alpha 和 beta 是 Beta 分布的两个参数。

◎ triangular(low,high)函数生成一个[low,high]区间内的随机小数，采用三角分布。

在使用 uniform()函数时需要注意，如果 a>b，那么生成一个[b,a]区间内的小数。

```
for i in range(3):
    print(random.uniform(4, 1))
```

25.3.2 其他分布随机函数

以下都是用于生成随机数的函数，只是底层核心算法不同。

◎ **expovariate(lambd)**：生成一个指数分布的随机数，其中 lambd 是指数分布的参数。

◎ **gammavariate(alpha, beta)**：生成一个伽马分布的随机数，其中 alpha 和 beta 是伽马分布的参数。

◎ **gauss(mu, sigma)**：生成一个正态分布（高斯分布）的随机数，其中 mu 是分布的均值，sigma 是分布的标准差。

◎ **lognormvariate(mu, sigma)**：生成一个对数正态分布的随机数，其中 mu 是分布的参数，sigma 是分布的标准差。

◎ **normalvariate(mu, sigma)**：生成一个正态分布（也称为高斯分布）的随机数，其中 mu 是分布的均值，sigma 是分布的标准差。

◎ **vonmisesvariate(mu, kappa)**：生成一个韦氏分布的随机数，其中 mu 是分布的均值，kappa 是分布的纵向影响参数。

◎ **paretovariate(alpha)**：生成一个帕累托分布的随机数，其中 alpha 是帕累托分布的参数。

◎ **weibullvariate(alpha, beta)**：生成一个韦伯分布的随机数，其中 alpha 和 beta 是韦伯分布的参数。

26

Python内置模块之re，正则表达式的初阶用法

26.1 re 库的应用

re 库是 Python 中用于处理正则表达式的标准库。本章在介绍 re 库的同时，会介绍正则表达式的语法。如果你想深入学习正则表达式，需要私下好好下功夫。

26.1.1 正则表达式语法

正则表达式的语法由字符和操作符构成，初期阶段掌握如表 26-1 所示这些语法即可。

表 26-1

<table>
<tr><th>操作符</th><th>说　明</th><th>例　子</th></tr>
<tr><td></td><td>匹配任何单个字符，极少不能匹配</td><td></td></tr>
<tr><td>[]</td><td>匹配字符集，对单个字符给出取值范围</td><td>[abc]表示匹配 a、b、c，[a-z]表示匹配 a 到 z 之间的单个字符</td></tr>
<tr><td>[ˆ]</td><td>匹配非字符集，对单个字符给出排除范围</td><td>[ˆabc]表示匹配非 a、非 b、非 c 的单个字符</td></tr>
<tr><td>*</td><td>前一个字符 0 次或无限次扩展</td><td>abc*表示匹配 ab、abc、abcc、abccc 等</td></tr>
<tr><td>+</td><td>前一个字符 1 次或无限次扩展</td><td>abc+表示匹配 abc、abcc、abccc 等</td></tr>
<tr><td>?</td><td>匹配前一个字符 0 次或 1 次</td><td>abc？表示匹配 ab、abc</td></tr>
<tr><td>|</td><td>匹配左右表达式任意一个</td><td>abc|def 表示匹配 abc 或者 def</td></tr>
<tr><td>{m}</td><td>扩展前 1 个字符 m 次</td><td>ab{2}c,表示匹配 abbc</td></tr>
<tr><td>{m,n}</td><td>扩展前 1 个字符 m 到 n 次</td><td>ab{1,2}c,表示匹配 abc、abbc</td></tr>
</table>

续表

操作符	说　明	例　子
^	匹配字符串开头	^abc 表示匹配以 abc 开头的字符串
$	匹配字符串结尾	abc$表示匹配以 abc 结尾的字符串
()	分组标记，内部仅能使用 | 操作符	(abc)表示匹配 abc，(a
\d	数字，等价于[0-9]	
\w	数字，等价于[A-Za-z0-9]	

26.1.2　re 库的基本用法

re 库主要包含如下函数：

◎　**基础函数**：compile()。

◎　**功能函数**：search()、match()、findall()、split()、finditer()、sub()。

在正式学习之前，我们先了解一下原生字符串。

在 Python 中表示原生字符串，需要在字符串前面加上关键字符 r。

例如在程序中使用 my_str = 'i'am xiangpica'语句会直接报错。如果希望字符串中的单引号(')起到作用，那么需要加上转义字符（\），将上面的语句修改为 my_str = 'i\'am xiangpica'。

但是这样再结合前文正则表达式中的操作符，就会出现问题，因为字符\在正则表达式中是有具体含义的。如果你使用 re 库去匹配字符串中的字符 \，则需要使用 4 个反斜杠字符。为了避免出现这种情况，Python 引入了原生字符串概念。

```
# 不使用原生字符串的正则表达式： "\\\\"
# 使用原生字符串的正则表达式：r"\\"
```

下面学习一个案例，代码如下：

```
my_str='C:\number'

print(my_str)
```

运行代码，得到如下结果：

```
C:
umber
```

这里，\n 被解析成了换行。如果想要屏蔽这种现象，则需要使用 r+字符串：

```
my_str=r'C:\number'

print(my_str)
```

输出为 C:\number。

26.2 re 库相关函数说明

26.2.1 re.search()函数

该函数的作用是，在字符串中搜索正则表达式匹配到的第一个位置的值，返回 match 对象。

函数原型如下：

```
re.search(pattern,string,flags=0)
```

例如，匹配字符串“梦想橡皮擦 good good”中的“橡皮擦”。

```
import re
my_str='梦想橡皮擦 good good'
pattern = r'橡皮擦'

ret = re.search(pattern,my_str)
print(ret)
```

返回结果为<re.Match object; span=(2, 5), match='橡皮擦'>。

search ()函数的第 3 个参数 flags 表示正则表达式使用的控制标记。

◎ **re.I，re.IGNORECASE：** 忽略正则表达式的大小写。

◎ **re.M，re.MULTILINE：** 正则表达式中的尖括号（\^）操作符能够让给定字符串的行作为匹配的起始位置。

◎ **re.S，re.DOTALL：** 正则表达式中的点（.）操作符能够匹配所有字符。

最后将匹配到的字符串输出：

```
import re
my_str = '梦想橡皮擦 good good'
pattern = r'橡皮擦'

ret = re.search(pattern, my_str)
if ret:
```

```
    print(ret.group(0))
```

26.2.2 re.match()函数

该函数用于在目标字符串的开始位置匹配正则表达式，返回 match 对象，未匹配成功返回 None。函数原型如下：

```
re.match(pattern,string,flags=0)
```

一定要注意是目标字符串的开始位置。

```
import re
my_str = '梦想橡皮擦 good good'
pattern = r'梦' # 匹配到数据
pattern = r'good' # 匹配不到数据

ret = re.match(pattern, my_str)
if ret:
    print(ret.group(0))
```

re.match()和 re.search()函数都是一次最多返回一个匹配对象，如果希望返回多个值，则可以通过在参数 pattern 里加括号构造匹配组来实现。

26.2.3 re.findall()函数

该函数用于搜索字符串，并以列表格式返回全部匹配到的字符串。函数原型如下：

```
re.findall(pattern,string,flags=0)
```

测试代码如下：

```
import re
my_str = '梦想橡皮擦 good good'
pattern = r'good'
ret = re.findall(pattern, my_str)
print(ret)
```

26.2.4 re.split()函数

该函数将一个字符串按照正则表达式匹配结果进行分割，返回一个列表。

函数原型如下：

```
re.split(pattern, string, maxsplit=0, flags=0)
```

re.split()函数进行分割时，如果正则表达式匹配到的字符恰好在字符串开头或者结尾，则返回的分割后的字符串列表首尾都多一个空格，需要手动去除，可以使用下面代码：

```
import re
my_str = '1 梦想橡皮擦 1good1good1'

pattern = r'\d'

ret = re.split(pattern, my_str)

print(ret)
```

运行结果为

```
['', '梦想橡皮擦', 'good', 'good', '']
```

将要匹配的内容移到中间，则能正确地分割字符串：

```
import re
my_str = '1 梦想橡皮擦 1good1good1'

pattern = r'good'

ret = re.split(pattern, my_str)

print(ret)
```

如果在模式（pattern）中捕获到括号，则在括号中匹配到的结果也会在返回的列表中。

```
import re
my_str = '1 梦想橡皮擦 1good1good1'

pattern = r'(good)'

ret = re.split(pattern, my_str)

print(ret)
```

可以对比带括号和不带括号的区别：

```
['1 梦想橡皮擦 1', 'good', '1', 'good', '1']
```

maxsplit 参数表示最多能够进行的分割次数，剩下的字符全部放到列表的最后一个元素中。

例如，设置匹配 1 次，得到的结果是“['1 梦想橡皮擦 1', '1good1']”。

26.2.5 re.finditer()函数

该函数搜索字符串，并返回一个匹配结果的迭代器，每个迭代元素都是 match 对象。函数原型如下：

```
re.finditer(pattern,string,flags=0)
```

测试代码如下：

```
import re
my_str = '1 梦想橡皮擦 1good1good1'

pattern = r'good'

# ret = re.split(pattern, my_str,maxsplit=1)
ret =re.finditer(pattern, my_str)
print(ret)
```

26.2.6 re.sub()函数

该函数在一个字符串中替换被正则表达式匹配到的字符串，返回替换后的字符串。函数原型如下：

```
re.sub(pattern,repl,string,count=0,flags=0)
```

其中，repl 参数是用于替换匹配字符串的字符串，count 参数是最大替换次数。

```
import re
my_str = '1 梦想橡皮擦 1good1good1'

pattern = r'good'

ret = re.sub(pattern, "nice", my_str)
print(ret)
```

运行以上代码，得到替换之后的字符串：

```
1 梦想橡皮擦 1nice1nice1
```

26.3 re 库的面向对象写法

前文中都是 re 库的函数式用法，re 库还有面向对象的用法。实现方式是预编译正则表达式，然后多次使用正则对象，实例化该对象可使用 re.compile()函数。

该函数原型如下：

```
regex = re.compile(pattern,flags=0)
```

其中，参数 pattern 是正则表达式字符串或者原生字符串。测试代码如下：

```
import re
my_str = '1 梦想橡皮擦 1good1good1'
# 正则对象
regex = re.compile(pattern = r'good')

ret = regex.sub("nice", my_str)
print(ret)
```

上面的代码先将正则表达式编译为一个正则对象，这样在后面的 regex.sub()函数中就不需要再写正则表达式了。使用时，只需要以编译好的 regex 对象替换所有的 re 对象，再调用对应的函数即可。

26.4 re 库的 match 对象

使用 re 库匹配字符串之后，会返回 match 对象，该对象具有以下属性和方法。

26.4.1 match 对象的属性

◎ **.string：** 待匹配的文本。
◎ **.re：** 匹配时使用的 pattern 对象。
◎ **.pos：** 正则表达式搜索文本的开始位置。
◎ **.endpos：** 正则表达式搜索文本的结束位置。

测试代码如下：

```
import re
my_str = '1 梦想橡皮擦 1good1good1'

regex = re.compile(pattern = r'g\w+d')
```

```
ret = regex.search(my_str)
print(ret)
print(ret.string)
print(ret.re)
print(ret.pos)
print(ret.endpos)
```

输出结果如下：

```
<re.Match object; span=(7, 16), match='good1good'>
1梦想橡皮擦1good1good1
re.compile('g\\w+d')
0
17
```

26.4.2 match 对象的方法

- ◎ **.group(0)**：获取匹配的字符串。
- ◎ **.start()**：返回匹配字符串在原始字符串中的开始位置。
- ◎ **.end()**：返回匹配字符串在原始字符串中的结束位置。
- ◎ **.span()**：返回(.start(),.end())。

27

sys库、os库、getopt库与filecmp库

27.1 os 库

os 库提供了基本的操作系统交互功能。该库中包含大量与文件系统、操作系统相关的函数，通过 dir()函数可以查看。

```
['DirEntry', 'F_OK', 'MutableMapping', 'O_APPEND', 'O_BINARY', 'O_CREAT', 'O
_EXCL', 'O_NOINHERIT', 'O_RANDOM', 'O_RDONLY', 'O_RDWR', 'O_SEQUENTIAL', …
… 'terminal_size', 'times', 'times_result', 'truncate', 'umask', 'uname_res
ult', 'unlink', 'urandom', 'utime', 'waitpid', 'walk', 'write']
```

这里包括的函数很多，如图 27-1 所示。

```
['DirEntry', 'F_OK', 'MutableMapping', 'O_APPEND', 'O_BINARY', 'O_CREAT', 'O_EXCL', 'O_NOINHERIT',
', 'P_NOWAITO', 'P_OVERLAY', 'P_WAIT', 'PathLike', 'R_OK', 'SEEK_CUR', 'SEEK_END', 'SEEK_SET', 'TM
__name__', '__package__', '__spec__', '_check_methods', '_execvpe', '_exists', '_exit', '_fspath',
close', 'closerange', 'cpu_count', 'curdir', 'defpath', 'device_encoding', 'devnull', 'dup', 'dup2
sencode', 'fspath', 'fstat', 'fsync', 'ftruncate', 'get_exec_path', 'get_handle_inheritable', 'get
'listdir', 'lseek', 'lstat', 'makedirs', 'mkdir', 'name', 'open', 'pardir', 'path', 'pathsep', 'pi
e_inheritable', 'set_inheritable', 'spawnl', 'spawnle', 'spawnv', 'spawnve', 'st', 'startfile', 's
'supports_follow_symlinks', 'symlink', 'sys', 'system', 'terminal_size', 'times', 'times_result',
```

图 27-1

这些函数主要分为几类。

◎ **路径操作类**：os.path 子库，处理文件路径相关信息。

◎ **进程管理类**：启动系统中其他程序。

◎ **环境参数类**：获得系统软硬件等信息。

27.1.1 os 库路径操作

这类函数如表 27-1 所示。

表 27-1

函数名	简　介
os.path.abspath(path)	返回绝对路径
os.path.normpath(path)	规范 path 字符串形式
os.path.realpath(path)	返回 path 的真实路径
os.path.dirname(path)	返回文件路径
os.path.basename(path)	返回文件名
os.path.join(path 1 [,path2[,...]])	把目录和文件名合成一个路径
os.path.exists(path)	如果路径 path 存在，返回 True；如果路径 path 不存在，返回 False。
os.path.isfile(path)	判断路径是否为文件
os.path.isdir(path)	判断路径是否为目录
os.path.getatime(path)	返回最近访问时间（浮点型秒数）
os.path.getmtime(path)	返回最近文件修改时间
os.path.getsize(path)	返回文件大小，如果文件不存在就返回错误

以上函数遵循先导入模块再调用的方法。

使用下面的方法导入模块：

```
import os.path
# import os.path as op
variate = os.path.abspath(__file__)
print(variate)
```

函数的参数都是 path，在传入参数时，要特别注意原生字符串的问题，同时还应区分绝对路径和相对路径。

path 相关函数的使用方法比较简单，参考官方手册即可。

27.1.2 os 库进程管理

这类函数主要用于在 Python 中执行程序或命令，函数原型为

```
os.system(command)
```

例如，在 Python 中调用画板程序。

```
os.system("c:\windows/system32/mspaint.exe")
```

除了 system()函数，也需要掌握 os.exec()函数族，例如，下面这些函数：

```
> os.execl(path, arg0, arg1, …)
> os.execle(path, arg0, arg1, …, env)
> os.execlp(file, arg0, arg1, …)
> os.execlpe(file, arg0, arg1, …, env)
> os.execv(path, args)
> os.execve(path, args, env)
> os.execvp(file, args)
> os.execvpe(file, args, env)
```

这些函数都将执行一个新程序，以替换当前进程。

27.1.3 os 库运行环境相关参数

环境参数顾名思义就是系统环境方面的参数，或者运行环境方面的参数。

通过下面的属性，可以获取环境参数：

```
os.environ
```

如果希望获取操作系统类型的参数，则使用 os.name 命令。目前 name 只有 3 个值，分别是 posix、nt 和 java。

主要有以下相关函数。

◎ **os.chdir(path)**：修改当前程序运行的路径。

◎ **os.getcwd()**：返回程序运行的路径。

◎ **os.getlogin()**：获取当前登录用户名称。

◎ **os.cpu_count()**：获取当前系统的 CPU 数量。

◎ **os.urandom(n)**：返回一个 *n* 字节的随机字符串，用于加密运算。

27.2 sys 库

该库主要维护一些与 Python 解释器相关的参数和方法。

27.2.1 常见参数

sys.argv

获取命令行参数列表，第一个元素是程序本身。

使用方法如下：

```
import sys
print(sys.argv)
```

通过控制台运行 Python 程序时，需要携带参数。下面代码中的 312.py 是 Python 文件名，1、2、3 是后缀参数。

```
python 312.py 1 2 3
```

执行代码，得到的结果为

```
['312.py', '1', '2', '3']
```

第一个元素是文件名，后面依次是传递进来的参数。

sys.platform

获取 Python 运行平台的信息，结果比 os.name 准确。

sys.path

获取 PYTHONPATH 环境变量值，一般用作模块搜索路径。

```
import sys
print(sys.path)
```

sys.modules

以字典的形式获取所有当前 Python 环境中已经导入的模块。

sys.stdin、sys.stdout、sys.stderr

sys.stdin、sys.stdout、sys.stderr 变量包含与标准 I/O 流对应的流对象。

```
import sys

# 标准输出, sys.stdout.write() 的形式就是 print() 不加'\n' 的形式
sys.stdout.write("hello")
sys.stdout.write("world")
```

sys.stdin 为标准输入，等价于 input()函数。

sys.ps1 和 sys.ps2

指定解释器的首要和次要提示符。仅当解释器处于交互模式时，才定义它们。测试代码如下所示：

```
PS > python
Python 3.7.3 (v3.7.3:xxxxxx, Mar 25 2019, 22:22:05) [MSC v.1916 64 bit (AMD6
4)] on win32
Type "help", "copyright", "credits" or "license" for more information.
>>> import sys
>>> sys.ps1
'>>> '
>>> sys.ps1 = "***"
***print("hello")
hello
```

27.2.2 常见方法

sys.exit(n)

用于退出 Python 程序，exit(0)表示正常退出。

当参数 n 非 0 时，会引发一个 SystemExit 异常。可以在程序中捕获该异常。该参数也叫状态码。

sys.getdefaultencoding()、sys.setdefaultencoding()、sys.getfilesystemencoding()

◎ **sys.getdefaultencoding()：** 获取系统当前编码。有些系统默认为 ASCII 编码，有些系统默认为 UTF-8 编码。

◎ **sys.setdefaultencoding()：** 设置系统的默认编码。

◎ **sys.getfilesystemencoding()：** 获取文件系统使用的编码，默认为 UTF-8 编码。

sys.getrecursionlimit()、sys.setrecursionlimit()

获取和设置 Python 的最大递归数目。

sys.getswitchinterval()、sys.setswitchinterval(interval)

获取和设置解释器的线程切换间隔时间（单位为秒）。

27.3 getopt 库

在控制台运行命令时，常常需要传递参数，例如在安装第三方模块时，使用的命令是 pip install xxxx -i http://xxxxxx 。

Python 也可以做到，getopt 库提供了解析命令行参数 sys.argv 的功能。

可通过 dir()函数查看该库中提供的函数，数量不多，具体如下：

```
'do_longs', 'do_shorts', 'error', 'getopt', 'gnu_getopt', 'long_has_args', '
os', 'short_has_arg'
```

其中，重点是 getopt.getopt()函数，该函数原型如下：

```
getopt(args, shortopts, longopts=[])
```

- ◎ **args：**程序的命令行参数，不包括程序文件名称，一般传递 sys.argv[1:]。
- ◎ **shortopts：**定义-x 或者-x<值>形式的短参数，带值需要加冒号（:），例如 xyz:m:，表示可解析“-x -y -z<值> -m <值>”形式的参数。
- ◎ **longopts：**定义“--name，--name <值>”形式的长参数，带值需要加等号（=）。

下面通过一个列表模拟 sys.argv 接收到的参数。

```
import getopt
import sys

sys.argv = ["demo.py", "-i", "-d", "baidu.com", "arg1"]

opts, args = getopt.getopt(sys.argv[1:], "id:")
print(opts)
print(args)
```

返回值由两个元素组成：第一个是(option, value)对的列表。第二个是去除该选项列表后的程序参数列表（也就是 args 的尾部切片）。

除了短参数，还有长参数，测试代码如下：

```
my_str = "demo.py -i -d baidu.com --name bai arg1"
sys.argv = my_str.split()
print(sys.argv)

opts, args = getopt.getopt(sys.argv[1:], "id:",["name="])
print(opts)
print(args)
```

运行代码后，成功地解析出了参数：

```
['demo.py', '-i', '-d', 'baidu.com', '--name', 'bai', 'arg1']
[('-i', ''), ('-d', 'baidu.com'), ('--name', 'bai')]
['arg1']
```

如果程序出现异常，会报参数解析错误，异常类为 getopt.GetoptError。

```
my_str = "demo.py -i -d baidu.com --name bai arg1"
sys.argv = my_str.split()
print(sys.argv)

opts, args = getopt.getopt(sys.argv[1:], "id:")
print(opts)
print(args)
```

以上代码由于没有匹配长参数，出现如下错误：

```
getopt.GetoptError: option --name not recognized
```

27.4 filecmp 库

该库提供比较目录和文件的功能。

文件比较函数有 cmp()和 cmpfiles()。

目录比较可使用 filecmp 库中的 dircmp 类。

27.4.1 filecmp.cmp()、filecmp.cmpfiles()函数

filecmp.cmp()函数用于比较两个文件内容是否一致，如果文件内容一致，则返回 True，否则返回 False。

```
import filecmp
x = filecmp.cmp("312.py","312.py")
print(x)
```

filecmp.cmpfiles()函数用于比较两个文件夹内的文件是否相同。

函数原型如下：

```
filecmp.cmpfiles(dir1, dir2, common[, shallow])
```

参数 dir1 和 dir2 指定要比较的文件夹，参数 common 指定要比较的文件名列表。

函数返回包含 3 个列表元素的元组，分别表示匹配、不匹配及错误的文件列表。

错误的文件指不存在的文件，或文件被锁定不可读，或没有权限读文件，或由于其他原因访问不了该文件。

测试代码如下：

```
import filecmp
x = filecmp.cmpfiles("../53","../54",["demo.py","demo1.py"])
print(x)
```

27.4.2 目录比较

该知识点与构造函数相似。

```
class filecmp.dircmp(a, b, ignore=None, hide=None)
```

参数说明如下。

◎ **a 和 b：** 目录。

◎ **ignore：** 关键字参数，忽略的文件名列表，默认为 filecmp.DEFAULT_IGNORES。

◎ **hide：** 关键字参数，隐藏的文件名列表，默认为[os.curdir, os.pardir]。

使用 dircmp()函数生成一个比较对象之后，就可以获取该对象各个属性的值。

28 类函数、成员函数、静态函数、抽象函数和方法伪装属性

28.1 类函数

本章所有内容都属于实战类型，学习方式都是先阅读代码，再对代码进行分析。

```
class My_Class(object):

    # 在类定义中声明变量
    cls_var = "类变量"

    def __init__(self):
        print("构造函数")
        self.x = "构造函数中的实例变量"

    # 类函数，第一个参数默认是类，一般习惯用 cls
    @classmethod
    def class_method(cls):
        print("class_method 是类函数，用类名直接调用")
        # 类函数不可以调用类内部的对象变量（实例变量）
        # print(cls.x)

# 类函数可以通过类名直接调用，也可以通过对象来调用
# 即使通过实例调用类函数，Python 自动传递的也是类，而不是实例
My_Class.class_method()
my_class_dom = My_Class()
```

```
# 通过类的对象调用类函数
my_class_dom.class_method()
```

首先要掌握的是类函数的定义方式，在普通函数的前面添加装饰器@classmethod，即可将该函数转换为类函数。同时函数的第一个参数默认是 cls，该参数名可以任意指定，建议使用 cls，这是开发者之间的约定。

```
@classmethod
   def class_method(cls):
```

在调用类函数时，可以通过类名.的形式调用，也可以通过对象.的形式调用，这两种调用方式都是将类传递到函数内部，不存在差异。

类函数不能调用实例变量，只能调用类变量。所谓类变量就是在类中独立声明，而不在任何函数中出现的变量。在上面的代码中，类变量声明代码如下：

```
class My_Class(object):
    # 在类定义中声明变量
    cls_var = "类变量"
```

在 Python 中，大部分使用@classmethod 装饰的函数的末尾都是 return cls(XXX)、return XXX.__new__()，所以这类函数主要用作构造函数。

28.2 静态函数

先明确一个概念，静态函数不属于它所在的类，它是一个独立于类的函数，只是寄存于一个类名下。了解了这个基本概念，后面学起来就简单多了。

```
class My_Class(object):
    # 类变量
    cls_var = "类变量"
    def __init__(self):
        # 在构造函数中创建变量
        self.var = "实例变量"
    # 普通的对象实例函数
    def instance_method(self):
        # 可以访问类变量
        print(self.cls_var)
        # 可以访问实例变量
        print(self.var)
        print("实例化方法")
```

```
    @staticmethod
    def static_method():
        print(My_Class.cls_var)
        # 无法访问到实例变量
        # print(My_Class.var)
        # print(self.var)
        print("静态函数")
my_class = My_Class()
my_class.instance_method()
# 通过对象访问
my_class.static_method()
# 使用类名直接访问
My_Class.static_method()
```

由于静态函数无法访问实例变量，因此 My_class.var 是错误的，即使修改成 self.var，也是错误的。

静态函数的第一个参数不是实例对象 self，也可以理解为静态函数没有隐形参数，如果需要传递参数，那么可在参数列表中声明。

```
@staticmethod
 def static_method(self):
     print(My_Class.cls_var)
     # 无法访问到实例变量
     # print(My_Class.var)
     print(self.var)
     print("静态函数")
```

在同一个类中调用静态函数，使用类名.函数名()的形式。

28.3 类函数与静态函数在继承类中的表现

先创建一个父类 F，其中包含两个静态函数与一个类函数。

```
class F(object):
    @staticmethod
    def f_static(x):
        print("静态函数，有 一 个参数")
        print(f"f_static: {x}")

    @staticmethod
    def f_static_1():
```

```
        print("静态函数，无参数")
        return F.f_static(10)

    @classmethod
    def class_method(cls):
        print("父类中的类函数")
        return F.f_static(12)

f = F()
f.f_static(11)
f.f_static_1()
f.class_method()
```

再编写一个 S 类，让其继承 F 类。

```
class S(F):
    @staticmethod
    def f_static(y):
        print("在子类中重载了父类的静态函数")
        print(f"子类中的参数{y}")

    @classmethod
    def class_method(cls):
        print("子类中的类函数")

s = S()
s.f_static(110)
s.class_method()
S.class_method()
```

测试代码得到如下结论：

- ◎ 如果在子类中重载了父类的静态函数，则调用时使用的是子类的静态函数。
- ◎ 如果在子类中没有重载父类的静态函数，则调用时使用的是父类的静态函数，
- ◎ 类函数同样遵循该规则。

如果希望在子类中调用父类的属性或者函数，则使用父类名. 的形式。

28.4 抽象函数

使用@abstractmethod 装饰的函数称为抽象函数。包含抽象函数的类不能被实例化，继承包含抽象函数的子类必须重载所有抽象函数，未被装饰的可以不重载。

抽象类是一个特殊的类，它的特殊之处在于只能被继承，不能被实例化。示例代码如下：

```
import abc

class My_Class(abc.ABC):

    @abc.abstractmethod
    def abs_method(self):
        pass
    def show(self):
        print("普通")

class M(My_Class):
    def abs_method(self):
        print('xxx')

mm = M()
mm.abs_method()
```

除了抽象类，还有一种类叫元类，初学阶段暂且不涉及它。

28.5 方法伪装属性

在进行 Python 面向对象的编程时，使用对象.属性来获取属性的值，使用对象.方法()来调用方法。通过装饰器@property 可以将一个方法伪装成属性，从而使用对象.属性的方式来调用它，代码非常简单：

```
class My_Class(object):
    def __init__(self, name):
        self.__name = name
    @property
    def name(self):
        return self.__name
m = My_Class("橡皮擦")
print(m.name)
```

这种方法最直接的应用，就是将部分属性变成只读属性，例如，我们无法通过下面的代码对 name 属性进行修改。

```
class My_Class(object):
    def __init__(self, name):
        self.__name = name
```

```
    @property
    def name(self):
        return self.__name

m = My_Class("橡皮擦")
m.name = "擦哥擦姐"
print(m.name)
```

如果希望修改和删除方法伪装的属性，则参考下面代码：

```
class My_Class(object):
    def __init__(self, name):
        self.__name = name

    @property
    def name(self):
        return self.__name
    @name.setter
    def name(self, name):
        self.__name = name

    @name.deleter
    def name(self):
        del self.__name

m = My_Class("橡皮擦")
m.name = "擦哥擦姐"
print(m.name)
```

上面代码将 name 方法伪装成属性，因此可以通过@name.setter 和@name.deleter 对同名的 name 方法进行装饰，从而实现修改与删除功能。

使用方法伪装属性的步骤如下：

1．使用@property 装饰器将类中的方法伪装成属性。

2．@方法名.setter 装饰器，当修改属性时，会调用该装饰器绑定的方法。

3．@方法名.deleter 装饰器，当删除属性时，会调用该装饰器绑定的方法。

如果你觉得这样比较麻烦，那么还存在一种将方法伪装成属性的方法，可使用 property() 函数，其原型如下：

```
# 最后一个参数是字符串，为调用实例.属性.__doc__ 时的描述信息
property(fget=None, fset=None, fdel=None, doc=None)
```

通过 property()函数将方法伪装成属性的代码如下：

```
class My_Class(object):
    def __init__(self, name):
        self.__name = name

    def del_name(self):
        del self.__name
    def set_name(self, name):
        self.__name = name
    def get_name(self):
        return self.__name
    # 将方法伪装成属性
    name = property(get_name, set_name, del_name)
m = My_Class("梦想橡皮擦")
print(m.name)
m.name = "橡皮擦"
print(m.name)
del m.name
```

第3部分　实战篇

29 爬虫案例——某育儿网问答数据抓取

29.1　爬虫分析

29.1.1　类别页面分析

本章以实战为主，爬取的网站为某育儿网，主要抓取问答模块中的信息。我们的目标是采集方框内的资料（如图 29-1 所示）。由于版权问题，本书对所有关键地方进行了打码处理，同时目标站点统一使用 www.pachong.vip 替换，如果你无法找到目标站点，那么可以直接联系橡皮擦。

本案例仅用于学习，请勿用于非法目的。你可以在搜索引擎中搜索“育儿”，寻找相似站点进行学习。

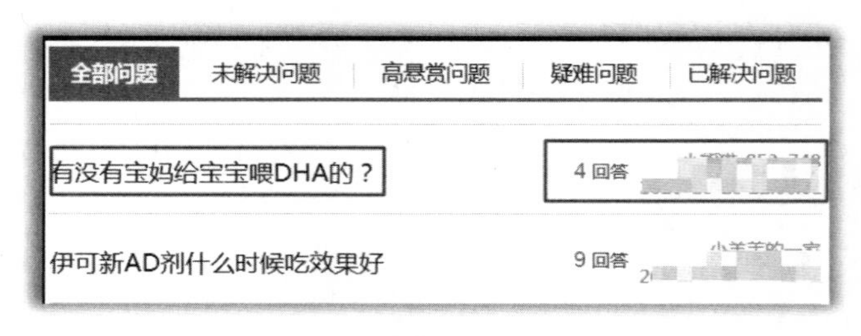

图 29-1

该网站涉及的问题类型非常多，你可以通过网站左侧的菜单来查看问题分类，如图 29-2 所示。

图 29-2

这里需要进行分析，重点是分析分类地址的规律。如果一时发现不了，那么可以先获取所有的分类地址。用鼠标点击各链接，出现的分类列表页链接如下（目标站点使用 www.pachong.vip 代替）：

```
http:// www.pachong.vip/categories/show/2
http://www.pachong.vip/categories/show/3
http://www.pachong.vip/categories/show/4
http://www.pachong.vip/categories/show/{类别 ID}
```

不要过早下结论，认为 ID 是依次递增的，如果过早地假定一种规则，就很容易丢失数据，所以尽量全都查看一遍。

也可以直接查看网页源码，观察所有的地址。最终发现所有的地址都为“http://www.pachong.vip/categories/show/{类别 ID}”的形式，只是最后的类别 ID 不是连续的，如图 29-3 所示。至此问题分类分析完毕。

```
<!--start 问题分类-->
<div  class="que_type" id="ask_cat">
    <h2 class="h2_bg"><span class="h2_tab_bg"><span class="icon_1">问题分类</span>
    <ul class="listshow clearfix" id="listshow">
        <li><a href="/categories/show/2"><span>婴幼营养</span></a></li><li><a href
href="/categories/show/5"><span>孕期保健</span></a></li><li><a href="/categories/show/
</span></a></li><li><a href="/categories/show/9"><span>1-2岁</span></a></li><li><a hre
href="/categories/show/12"><span>产褥期保健</span></a></li><li><a href="/categories/sh
幼儿园</span></a></li><li><a href="/categories/show/16"><span>疫苗接种</span></a></li>
href="/categories/show/19"><span>其它</span></a></li><li><a href="/categories/show/20"
</span></a></li><li><a href="/categories/show/44"><span>婴幼常见病</span></a></li><li>
href="/categories/show/46"><span>儿童过敏</span></a></li><li><a href="/categories/show
    </ul>
```

图 29-3

29.1.2 问题列表页面分析

下面需要分析列表页相关的规律。点击任意类别，页面数据样式都如图 29-4 所示。

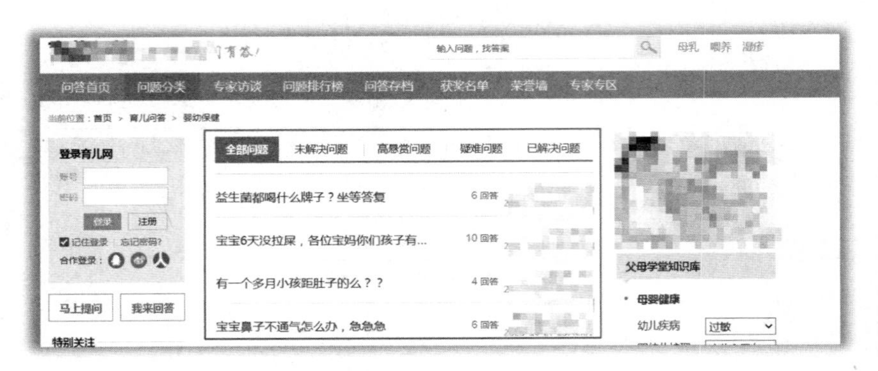

图 29-4

首先要做的一件事请，就是分析分页规律。找到分页区域，依次点击分页，以获取不同的分页地址，如图 29-5 所示。

图 29-5

最后找到的链接地址规律如下：

```
http://www.pachong.vip/categories/show/4/all?p={页码}
```

有分页规律还不够，还需要找到末页。在源码中简单检索，找到末页对应的页码即可，如图 29-6 所示。

```
▼<div class="list_page_ls clearfix">
   ::before
   <a href="/categories/show/4/all?p=1" target="_self">1</a>
   <a href="/categories/show/4/all?p=2" target="_self">2</a>
   <a class="list_cur_page" href="/categories/show/4/all?p=3" target="_self">3</a>
   <a href="/categories/show/4/all?p=4" target="_self">4</a>
   <a href="/categories/show/4/all?p=5" target="_self">5</a>
  ▶<a class="list_next_page" href="/categories/show/4/all?p=4" target="_self">…</a>
  ▶<a class="list_last_page" href="/categories/show/4/all?p=5828" target="_self">…</a> == $0
   ::after
```

图 29-6

到此，爬虫前的分析就完成了。下面进入爬虫逻辑编码环节，也就是整理自己的思路。

29.2 爬虫逻辑编码

29.2.1 逻辑编码（伪代码）

分为如下几个步骤：

1. 通过 http://www.pachong.vip/页面，获取所有的分类页面地址。
2. 循环所有的分类页面地址。
3. 获取每个分类对应的列表页面，并获取总页码。
4. 从第一页开始循环到总页码。
5. 在第 4 步循环过程中，添加数据提取方法，获取数据。

思路整理完毕后，编码环节其实就是一个简单的实现过程。

29.2.2 requests 库中的 get()方法说明

导入并快速应用 requests 库还是非常容易的。先通过抓取分类页面源码来看一下它的基本使用方法。

```
import requests
# 测试地址，真实地址请自行检索
url = "http://www.pachong.vip/"

# 抓取分类页面
def get_category():
    res = requests.get("http://www.pachong.vip/")
    print(res.text)
if __name__ == "__main__":
    get_category()
```

以上代码中最核心的就是 requests.get()方法，该方法的作用是获取网站源码，参数 url 为必选。

```
requests.get(url=" http://www.pachong.vip/")
```

传递 url 参数

通过该参数可以构造出如下格式的网址：https://www.pachong.vip/s?wd=你好&rsv_spt=1。

测试代码如下：

```
import requests
payload = {'key1': 'value1', 'key2': 'value2'}
res = requests.get(url="http://www.pachong.vip/", params=payload)
print(res.url)
```

其中，key1 为键名，value1 为键值。

定制请求头

在爬取的过程中，我们尽量模拟真实的用户通过浏览器访问网站的情形，所以很多时候需要定制浏览器的请求头，格式如下：

```
import requests
payload = {'key1': 'value1', 'key2': 'value2'}
headers = {
    'user-agent': 'Baiduspider-image+(+http://www.baidu.com/search/spider.ht
m)'
}
res = requests.get(url="http://www.pachong.vip/",
                   params=payload, headers=headers)
print(res.url)
```

其中，可以给 headers 参数配置很多内容，本章实例不做展开，只需记住 headers 参数。

Cookie

Cookie 在很多爬虫程序中都存在，它有时会存储加密信息，有时会存储用户信息，格式如下：

```
import requests
payload = {'key1': 'value1', 'key2': 'value2'}
headers = {
    'user-agent': 'Baiduspider-image+(+http://www.baidu.com/search/spider.ht
m)'
}
cookies = dict(my_cookies='nodream')
res = requests.get(url="http://www.pachong.vip/",
                   params=payload, headers=headers, cookies=cookies)
print(res.text)
```

禁止重定向处理

有些网站会携带重定向代码，在爬取时需要禁止网页自动跳转，代码如下：

```
r = requests.get('http://github.com', allow_redirects=False)
```

超时

在爬取过程中，有时会出现无法请求的情况。官方手册的高级部分对此有专门的说明，初学者可以先通过官方手册学习超时的相关知识。

为防止服务器不能即时响应，大部分发至外部服务器的请求都应该携带 timeout 参数。

在默认情况下，除非显式指定了 timeout 参数值，否则 requests 库是不会自动进行超时处理的。

如果没有指定 timeout 参数值，那么你的代码可能挂起若干分钟甚至更长时间。

测试代码如下：

```
import requests
payload = {'key1': 'value1', 'key2': 'value2'}
headers = {
    'user-agent': 'Baiduspider-image+(+http://www.baidu.com/search/spider.ht
m)'
}
cookies = dict(my_cookies='nodream')
res = requests.get(url="http://www.pachong.vip/",
                   params=payload, headers=headers, cookies=cookies, timeout
=3)
print(res.text)
```

部分高级参数

get 方法还有一些其他参数，例如：

- ◎ SSL 证书验证（verify）。
- ◎ 客户端证书（cert）。
- ◎ 事件钩子（hooks）。
- ◎ 自定义身份验证（auth）。
- ◎ 流式请求（stream）。
- ◎ 代理（proxies）。

以上都是 get 方法的参数。requests 是一个功能非常强大的库，在 Python 爬虫领域也是最常用的第三方库。

29.2.3 获取所有的分类页面地址

学习了 requests 库，下面我们就要使用 requests 库来获取网页中的内容了。这里用到了 re 模块和正则表达式。具体的抓取代码如下：

```
import requests
import re
url = "http://www.pachong.vip/"
headers = {
    'user-agent': 'Baiduspider-image+(+http://www.baidu.com/search/spider.ht
m)'
}
# 抓取分类页面
def get_category():
    res = requests.get("http://www.pachong.vip", headers=headers)
    pattern = re.compile(
        r'<li><a href="/categories/show/(\d+)">', re.S)
    categories_ids = pattern.findall(res.text)
    print(f"获取到的分类 ID 如下:",categories_ids)

if __name__ == "__main__":
    get_category()
```

29.2.4 循环所有的分类页面地址

在上面代码中，通过 re 库的 findall()方法获取了所有的分类编号，我们会使用这些编号来拼接后续的待爬取页面。然后，就可以通过循环的方式获取所有的分类页面。

```
# 抓取分类页面
def get_category():
    res = requests.get("http://wwww.pachong.vip/", headers=headers)
    pattern = re.compile(
        r'<li><a href="/categories/show/(\d+)">', re.S)
    categories_ids = pattern.findall(res.text)
    print(f"获取到的分类 ID 如下:", categories_ids)
    for cate in categories_ids:
        # 下面有 get_list()函数的具体代码
```

```
        get_list(cate)
        time.sleep(1)
```

为了防止被反爬，需要增加一个延时处理函数 time.sleep()。

29.2.5 获取每个分类对应的列表页面，并获取总页码

打开列表页面，我们的首要目标是获取总页码。本案例获取页码的途径比较简单，在列表页中存在一项页码数据，在源码中可以看到该数据，直接抓取即可。

```
def get_list(cate):
    # 获取总页码，循环抓取所有页面

    res = requests.get(
        f"http://www.pachong.vip/categories/show/{cate}", headers=headers)
    pattern = re.compile(
        r'<a class="list_last_page" href="/categories/show/\d+/all\?p=(\d+)"
', re.S)
    totle = pattern.search(res.text).group(1)
    for page in range(1, int(totle)):
        print(f"http://www.pachong.vip/categories/show/{cate}/all?p={page}")

        time.sleep(0.2)
```

29.2.6 从第 1 页循环到总页码

这部分代码比较简单，已经在上面给出了。结果如图 29-7 所示。

图 29-7

29.3 案例收尾

有了前文的铺垫，后续代码的编写就容易了。对每页数据进行分析，并存储数据。下面代码为存储部分，抓取代码已经编写完成，其中有一个非常大的正则表达式，需要注意一下。如果爬取的数据不是很准确，那么可大量使用.*\s 这些常见元字符。

下面代码使用的是测试站点 www.pachong.vip，真实站点可自行检索。

```
import requests
import re
import time

url = "http://www.pachong.vip/"
headers = {
    'user-agent': 'Baiduspider-image+(+http://www.baidu.com/search/spider.ht
m)'
}

def get_detail(text):
    # 该函数解析页面数据,之后存储数据
    pattern = re.compile(r'<li>[.\s]*<a href="/questions/show/(\d+)/" title=
"(.*?)" class="list_title" target="_blank" >.*?</a>\s*<span class="list_asw"
>(\d+)<font>.*?</font></span>\s*<a class="list_author"  href="/users/show/\d
+" title=".*?">(.*?)</a>\s*<span class="list_time">(.*?)</span>\s*</li>')
    data = pattern.findall(text)
    print(data)
    # 数据存储代码不再编写
def get_list(cate):
    # 获取总页码，循环抓取所有页
    res = requests.get(
        f"http://www.pachong.vip/categories/show/{cate}", headers=headers)

    pattern = re.compile(
        r'<a class="list_last_page" href="/categories/show/\d+/all\?p=(\d+)"
', re.S)
    totle = pattern.search(res.text).group(1)
    for page in range(1, int(totle)):
        print(f"http://www.pachong.vip/categories/show/{cate}/all?p={page}")

        res = requests.get(
            f"http:// www.pachong.vip
/categories/show/{cate}/all?p={page}", headers=headers)
```

```
        time.sleep(0.2)
        # 调用列表页数据提取函数
        get_detail(res.text)
# 抓取分类页面
def get_category():
    res = requests.get("http://www.pachong.vip/", headers=headers)
    pattern = re.compile(
        r'<li><a href="/categories/show/(\d+)">', re.S)
    categories_ids = pattern.findall(res.text)
    print(f"获取到的分类 ID 如下:", categories_ids)
    for cate in categories_ids:
        get_list(cate)
        time.sleep(1)

if __name__ == "__main__":
    get_category()
```

30

爬虫案例——奥特曼图片采集

30.1 目标站点分析

实战目标：爬取 60+奥特曼图片，如图 30-1 所示。

目标数据源：由于版权问题，请自行检索相关站点，或者联系橡皮擦获取。

特别备注：本案例仅供学习之用，请勿用于其他目的。

图 30-1

案例涉及的框架

requests、re。

重点学习的知识点

◎ get 请求。

◎ requests 请求超时设定，timeout 参数。

◎ 正则表达式。

◎ 数据去重。

◎ url 地址拼接。

列表页分析

通过开发者工具简单查阅，得到全部奥特曼图片所在的 DOM 标签为“<li class="item"></li>”，详情页所在的标签为“<a = href="详情页" ……”。

具体标签所在位置如图 30-2 所示。

```
▼<ul class="sub">
  ▼<li class="item">
    ▼<a href="./groob/">
      ▶<figure class="icon">…</figure>
       <p class="name">格罗布奥特曼</p> == $0
     </a>
   </li>
  ▶<li class="item">…</li>
  ▶<li class="item">…</li>
  ▶<li class="item">…</li>
  ▶<li class="item">…</li>
  ▶<li class="item">…</li>
  ▶<li class="item">…</li>
  ▶<li class="item">…</li>
  ▶<li class="item">…</li>
```

图 30-2

然后根据实际请求数据，整理正则表达式。

详情页

点击任意目标数据，进入详情页，在详情页可以看到奥特曼图片。在空白处可使用鼠标右键检查源码，获得图片所在标签，代码如下所示：

```
▼<figure class="image tile" style="height: 900px;">
   <img src="../showa/img_yullian_1.png" width="334" height="900" alt class="tile" style="heig
 </figure>
```

30.2 编码

整理需求

1．通过列表页，抓取全部奥特曼详情页的地址。

2．进入详情页，抓取详情页里面的图片的地址。

3．下载保存图片。

抓取全部奥特曼详情页的地址

在抓取列表页的过程中，发现奥特曼页面使用了 iframe 嵌套，该手段属于最简单的反爬手段，提取真实链接即可。故将目标数据源切换为如图 30-3 所示的数据源。

```
▼<div class="entry-content" style="height: auto !important;"
  ▼<p>
    ▼<iframe src="./allultraman/" frameborder="0" scrolling="
      ▼#document
        ▼<html>
          ▶<head>…</head>
          ▼<body id="ultraheros" class="subpage">
            ▼<div id="wrapper">
```

图 30-3

代码中的目标站点地址依旧使用 www.pachong.vip。

```
import requests
import re
import time
# 爬虫入口
def run():
    url = "http://www.pachong.vip/allultraman/"
    try:
        # 网页访问速度慢，需要设置 timeout
        res = requests.get(url=url, timeout=10)
        res.encoding = "gb2312"
        html = res.text
        get_detail_list(html)
    except Exception as e:
        print("请求异常", e)
```

```
# 获取全部奥特曼详情页
def get_detail_list(html):
    start_index = '<ul class="lists">'
    start = html.find(start_index)
    html = html[start:]
    links = re.findall('<li class="item"><a href="(.*)">', html)
    print(len(links))
    links = list(set(links))
    print(len(links))
if __name__ == '__main__':
    run()
```

在代码编写过程中，发现网页访问速度慢，故设置 timeout 属性为 10，防止出现异常。

在使用正则表达式匹配数据时，出现了重复数据，通过 set 集合进行去重，再转换为列表。

然后对获取到的列表进行二次拼接，以获取详情页地址。

进行二次拼接的代码如下：

```
# 获取全部奥特曼详情页
def get_detail_list(html):
    start_index = '<ul class="lists">'
    start = html.find(start_index)
    html = html[start:]
    links = re.findall('<li class="item"><a href="(.*)">', html)
    # links = list(set(links))
    links = [f"http://www.pachong.vip/allultraman/{i.split('/')[1]}/" for i
in set(links)]
    print(links)
```

抓取全部奥特曼图片

该步骤先获取网页标题，然后使用该标题对奥特曼图片进行命名。

抓取逻辑非常简单，只需要循环前面抓取的详情页地址步骤，然后通过正则表达式进行匹配。

修改代码如下，关键节点请查看注释：

```
import requests
import re
```

```
import time
# 声明UA
headers = {
    "User-Agent": "Mozilla/5.0 (Windows NT 6.1; Win64; x64) AppleWebKit/537.
36 (KHTML, like Gecko) Chrome/90.0.4430.85 Safari/537.36"
}
# 存储异常路径，防止出现抓取失败情况
error_list = []

# 爬虫入口
def run():
    url = "http://www.pachong.vip/allultraman/"
    try:
        # 网页访问速度慢，需要设置timeout
        res = requests.get(url=url, headers=headers, timeout=10)
        res.encoding = "gb2312"
        html = res.text
        return get_detail_list(html)
    except Exception as e:
        print("请求异常", e)
# 获取全部奥特曼详情页
def get_detail_list(html):
    start_index = '<ul class="lists">'
    start = html.find(start_index)
    html = html[start:]
    links = re.findall('<li class="item"><a href="(.*)">', html)
    # links = list(set(links))
    links = [
        f"http://www.pachong.vip/allultraman/{i.split('/')[1]}/" for i in se
t(links)]
    return links
def get_image(url):
    try:
        # 网页访问速度慢，需要设置timeout
        res = requests.get(url=url, headers=headers, timeout=15)
        res.encoding = "gb2312"
        html = res.text
        print(url)
        # 获取详情页标题，作为图片文件名
        title = re.search('<title>(.*?)\[', html).group(1)
```

```
        # 获取图片短连接地址
        image_short = re.search(
            '<figure class="image tile">[.\s]*?<img src="(.*?)"', html).grou
p(1)

        # 拼接完整图片地址
        img_url = "http://www.pachong.vip/allultraman/" + image_short[3:]
        # 获取图片数据
        img_data = requests.get(img_url).content
        print(f"正在爬取{title}")
        if title is not None and image_short is not None:
            with open(f"images/{title}.png", "wb") as f:
                f.write(img_data)
    except Exception as e:
        print("*"*100)
        print(url)
        print("请求异常", e)

        error_list.append(url)

if __name__ == '__main__':
    details = run()
    for detail in details:
        get_image(detail)

    while len(error_list) > 0:
        print("再次抓取")
        detail = error_list.pop()
        get_image(detail)
    print("奥特曼图片数据抓取完毕")
```

运行代码，可以看到图片接连被存储到本地 images 目录中。

上面代码位于主函数中，其对从列表页抓取的详情页进行了循环抓取，如：

```
for detail in details:
    get_image(detail)
```

由于本网站抓取速度慢，故在 get_image()函数中的 get 请求里面加入了 timeout=15 的设定。

图片地址正则匹配与地址拼接的代码如下：

```
# 获取详情页标题，作为图片文件名
title = re.search('<title>(.*?)\[', html).group(1)
# 获取图片短连接地址
```

```
image_short = re.search(
    '<figure class="image tile">[.\s]*?<img src="(.*?)"', html).group(1)
# 拼接完整图片地址
img_url = "http://www.pachong.vip/allultraman/" + image_short[3:]
```

这些奥特曼果然长得不一样。

31

Python开源框架：Flask

31.1 Flask 简介

在本书前面的章节中，我们介绍了很多基础知识，现在你应该很快就能上手 Flask（Python Web 框架），并将其运用到实际工作中。

本章以实战的方式让你快速入门 Flask，并快速实现应用。

在正式开始学习之前，你需要具备以下基础知识：

◎ Python 基础知识，语法了解得越多越好。

◎ 前端知识，包括 HTML+CSS，如果了解前端框架，那么上手会更快一些。

准备好 Python 3，准备好 PyCharm，安装 Flask，开始吧。

```
pip install flask
```

31.1.1 完成一个 hello world 网页

导入 Flask 模块，编写最简单的示例：

```
# 导入Flask类
from flask import Flask
# 实例化，可视为固定格式
app = Flask(__name__)
# route()方法用于设定路由
@app.route('/hello')
```

```
def hello_world():
    return 'Hello, World!'

if __name__ == '__main__':
    # app.run(host, port, debug, options)
    # 默认值: host="127.0.0.1", port=5000, debug=False
    app.run(host="0.0.0.0", port=5000)
```

运行代码，得到如图 31-1 所示结果。至此第一步已经完成。

```
 * Serving Flask app 'hello' (lazy loading)
 * Environment: production
   WARNING: This is a development server. Do not use it in a production deployment.
   Use a production WSGI server instead.
 * Debug mode: off
 * Running on all addresses.
   WARNING: This is a development server. Do not use it in a production deployment.
 * Running on http://192.168.0.123:5000/ (Press CTRL+C to quit)
```

图 31-1

通过浏览器访问 5000 端口地址（如图 31-2 所示），记住输入的是路由地址。

```
http://192.168.0.123:5000/hello
```

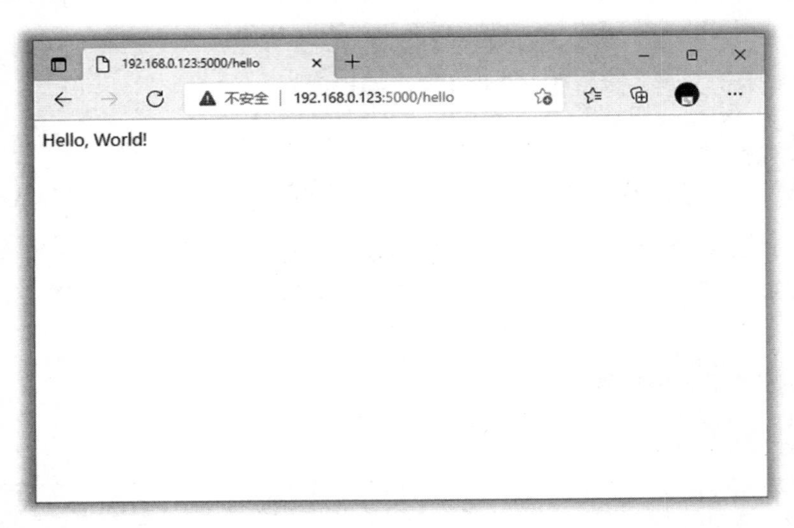

图 31-2

上面代码启动了服务器。这里简单介绍一下路由的概念，如图 31-3 所示。

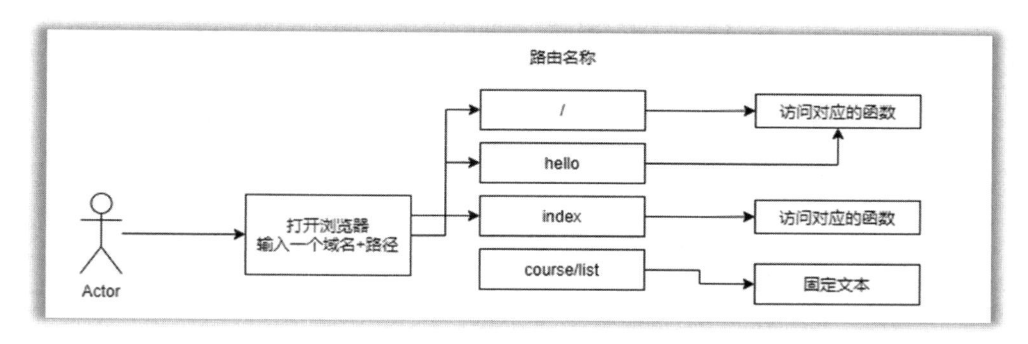

图 31-3

路由，简单理解就是服务器通过特殊的名称，调用我们写好的对应函数。

上面代码中的@app.route('/hello')语句用于设置路由，其中涉及路由名称配置和 Python 装饰器函数的用法，我们在前面的章节已经学习过这些知识了。

app.run(host="0.0.0.0", port=5000)语句用于运行 Flask 服务，具体细节可以暂时不管。执行代码成功后，就可以在计算机上对 Flask 应用进行访问了。

31.1.2 获取用户请求数据

访问网站应用最简单的方式就是使用 GET 请求，即通过地址栏携带参数的形式访问，例如：

```
http://192.168.0.123:5000/hello?name=橡皮擦
```

接下来在路由对应的函数中接收 name 参数。

```
# 导入 Flask 类
from flask import Flask
from flask import request
# 实例化，可视为固定格式
app = Flask(__name__)
# route()函数用于设定路由
@app.route('/hello')

def hello_world():
    args = request.args # 获取所有参数
    print(args)
    return 'Hello, World!' + args['name']
if __name__ == '__main__':
    # app.run(host, port, debug, options)
```

```
# 默认值：host="127.0.0.1", port=5000, debug=False
app.run(host="0.0.0.0", port=5000)
```

重新运行上面的代码，再次访问路由地址，浏览器结果才会发生改变。

代码说明：

导入 Flask 模块中的 request 对象，然后调用 args 属性，获取所有参数。该属性值类型是 ImmutableMultiDict，为字典类型。

还可以使用 get_q = request.args.get("q","") 语句来获取参数，即使用 get()方法来获取。

31.1.3 在 URL 中提供多个参数

具体格式如下：

```
http://192.168.0.123:5000/hello?name=橡皮擦&age=18
```

然后将 Python 函数与 HTML 页面对应起来，该 HTML 页面即 Flask 中的模板。

在项目中创建一个 templates 目录，然后在其中创建名称为 hello.html 的文件，结构如图 31-4 所示。

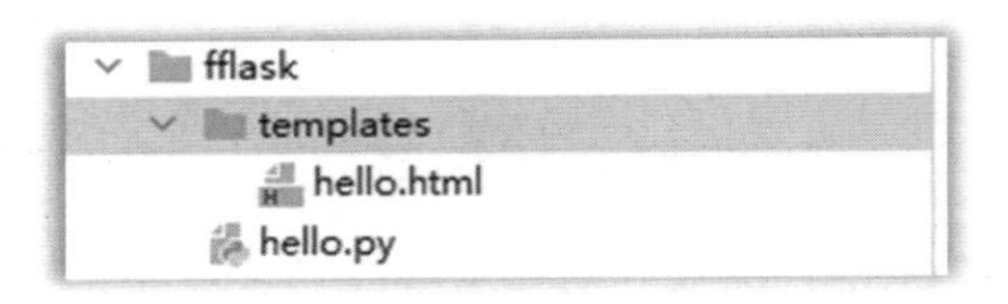

图 31-4

参考下面的代码对之前的代码进行修改：

```
# 导入 Flask 类
from flask import Flask
from flask import request
from flask import render_template
# 实例化，可视为固定格式
app = Flask(__name__)
# route()函数用于设定路由
@app.route('/hello.html')
def hello_world():
    args = request.args # 获取所有参数
    print(args)
```

```
    return render_template('hello.html')
if __name__ == '__main__':
    # app.run(host, port, debug, options)
    # 默认值: host="127.0.0.1", port=5000, debug=False
    app.run(host="0.0.0.0", port=5000)
```

访问 hello.html 页面，会弹出如图 31-5 所示界面，此时的 Python 代码和静态页面已经、进行了关联。

图 31-5

如果希望给 HTML 页面传递参数，那么可以在函数中声明一个变量，然后使用 render_template()函数传递。

```
@app.route('/hello.html')
def hello_world():
    args = request.args # 获取所有参数
    name =args.get('name')
    return render_template('hello.html',name=name)
```

代码运行结果如图 31-6 所示。

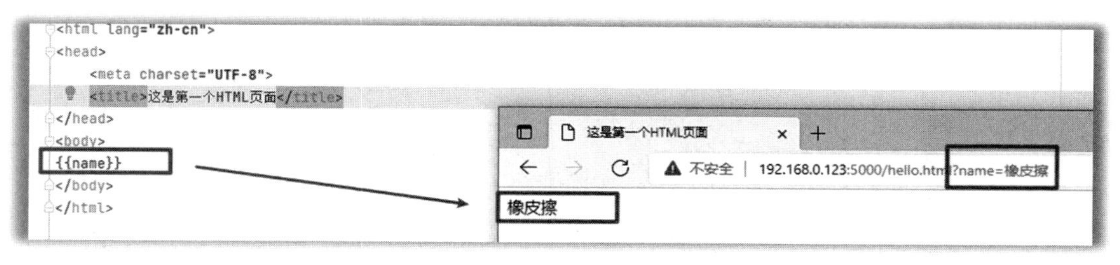

图 31-6

使用 request.method()函数可以判断是 GET 请求还是 POST 请求。

现在，可以尝试写入数据库的操作了，我们在下一节完成该操作。

31.2 在 Flask 中操作数据库

当 Flask 基本环境运行起来之后，就可以进行数据入库相关的操作了。本节会将 Flask 与 MySQL 对接起来，从而完成入库操作。

仍然是先安装模块。

```
pip install flask-sqlalchemy pymysql
```

其中，flask-sqlalchemy 是一套 ORM 框架，借助该框架，我们可以像操作数据对象一样操作数据库表数据。

除此之外，还需要安装 MySQL 数据库，最好也安装上 navcat 软件，以便操作数据库。

测试数据库连接。

```
from flask import Flask
from flask_sqlalchemy import SQLAlchemy
import pymysql
pymysql.install_as_MySQLdb() # 参照 mysqldb 模块使用方法
app = Flask(__name__)
class Config(object):
    # 设置连接数据库的 URL
    user = 'root'
    password = 'root'
    database = 'xiangpica'
    app.config['SQLALCHEMY_DATABASE_URI'] = 'mysql://%s:%s@127.0.0.1:3306/%s
' % (user, password, database)

    # 设置 sqlalchemy 自动跟踪数据库
    SQLALCHEMY_TRACK_MODIFICATIONS = True
    # 显示原始 SQL 语句
    app.config['SQLALCHEMY_ECHO'] = True
    # 禁止自动提交数据
    app.config['SQLALCHEMY_COMMIT_ON_TEARDOWN'] = False
# 读取配置
app.config.from_object(Config)
```

```
# 创建数据库 sqlalchemy 工具对象
db = SQLAlchemy(app)

class User(db.Model):
    # 定义表名
    __tablename__ = 'users'
    # 定义字段
    id = db.Column(db.Integer, primary_key=True, autoincrement=True)
    name = db.Column(db.String(64), unique=True)

if __name__ == '__main__':
    # 创建所有表
    db.create_all()
```

上面代码的核心是使用 Flask 模块创建 users 表。在代码的关键部分已经添加了注释，在参考代码时，重点注意读取配置操作 app.config.from_object(Config) 及实例化操作 db= SQLAlchemy(app)。

使用 navcat 等数据库连接工具，可以查询表结构和表数据，如图 31-7 所示。

图 31-7

关于 db 对象的属性和方法，相关资料非常多，这里不再赘述。

```
class User(db.Model): # 继承 db.Model
    # 定义表名
    __tablename__ = 'users'
    # 定义字段
    id = db.Column(db.Integer, primary_key=True, autoincrement=True)
    # db.Column 字段名称设定
    name = db.Column(db.String(64), unique=True)
```

创建数据表并插入数据，执行以下代码：

```
if __name__ == '__main__':
```

```
    # 创建所有表
    # db.create_all()
    # 添加数据
    user = User(name="admin")
    db.session.add_all([user])
    db.session.commit() # 提交数据
```

查询某个表中的数据，执行以下代码：

```
users = User.query.all()
print(users)
# 输出 [<User 1>, <User 2>]
```

查询指定 ID 的数据，执行以下代码：

```
user1 = User.query.get(1)
print(user1)
# 输出 <User 1>
```

筛选数据，执行以下代码：

```
User.query.filter(User.name == 'wwww').first()
# 输出 <User 2>
```

删除与修改数据都是先查询数据，然后提交更改：

```
user1 = User.query.filter(User.name == 'wwww').first()
print(user1)
# 修改
user1.name = '橡皮擦'
db.session.commit()
# 删除
user1 = User.query.filter(User.name == '橡皮擦').first()
print(user1)
# user1.name = '橡皮擦'
db.session.delete(user1)
db.session.commit()
```

下面是一些常用的数据查询过滤器，它们都会返回一个新的查询对象。

◎ **filter()**：追加过滤器。

◎ **filter_by()**：追加等值过滤器。

◎ **limit()**：返回指定数量的结果。

◎ **offset()**：偏移原查询返回的结果。

◎ **order_by()**：对查询对象结果进行排序。

◎ **group_by()**：对查询对象进行分组。

下面是一些 SQLAlchemy 查询执行器。

◎ **all()**：返回列表格式的结果。

◎ **first()**：返回查询到的第 1 个结果，无数据返回 None。

◎ **first_or_404()**：返回查询到的第 1 个结果，无数据返回 404。

◎ **get()**：返回指定主键对应的行，无数据返回 None。

◎ **get_or_404()**：返回指定主键对应的行，无数据返回 404。

◎ **count()**：返回查询结果的个数。

◎ **paginate()**：返回包含指定范围的 Paginate 对象。

除此之外，还需要掌握过滤器的筛选条件，例如_and()、_or()、_not()等。

31.3 使用 Flask 模块实现 ajax 数据入库

在正式编码前，需要了解一下如何使用 Python 函数判断是 GET 请求还是 POST 请求。

代码如下：

```
# route()函数用于设定路由
@app.route('/hello.html', methods=['GET', 'POST'])
def hello_world():
    if request.method == 'GET':
        # args = request.args
        return render_template('hello.html')
    if request.method == "POST":
        print("POST 请求")
```

该代码通过 requests.method 属性判断当前请求类型，然后实现相应的逻辑。

注意，@app.route('/hello.html', methods=['GET', 'POST'])中绑定的方法由参数 methods 决定。

HTML 页面代码如下：

```
<!DOCTYPE html>
<html lang="zh-cn">

<head>
```

```
    <meta charset="UTF-8">
    <title>这是第一个 HTML 页面</title>
    <script src="http://libs.baidu.com/jquery/2.0.0/jquery.min.js"></script>

</head>

<body>
    {{name}}
    <input type="button" value="点击发送请求" id="btn" />
    <script>
        $(function() {
            $('#btn').on('click', function() {
                alert($(this).val());

            });
        })
    </script>
</body>
</html>
```

在 HTML 页面中提前导入 jquery 的 CDN 配置，便于后续实现模拟请求操作。

进一步完善 POST 请求的相关参数判断，通过 requests.form 获取表单参数。

```
# route()函数用于设定路由
@app.route('/hello.html', methods=['GET', 'POST'])
def hello_world():
    if request.method == 'GET':
        args = request.args
        name = args.get('name')
        return render_template('hello.html',name=name)
    if request.method == "POST":
        print("POST 请求")
        arges = request.form
        print(arges)
        return "PPP"
```

同步修改前端请求部分，这里的改造需要前端知识。

```
<body>
    {{name}}
    <input type="button" value="点击发送请求" id="btn" />
    <script>
        $(function() {
            $('#btn').on('click', function() {
```

```
                //alert($(this).val());
                $.post('./hello.html', function(result) {
                    console.log(result);
                })
            });
        })
    </script>
</body>
```

测试时同步开启浏览器的开发者工具，并且切换到网络请求视图，以查看请求与返回数据，如图 31-8 所示。

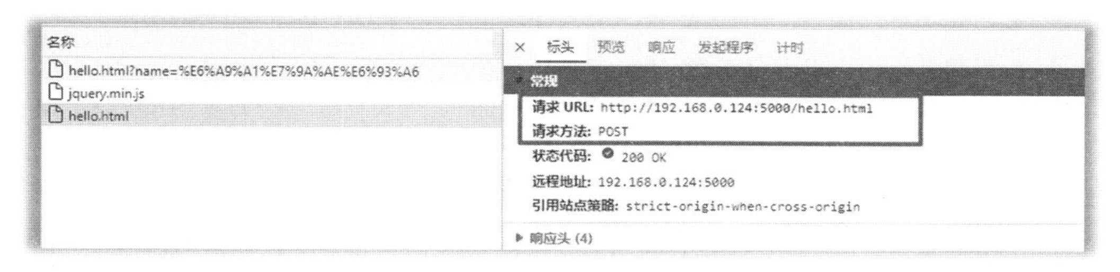

图 31-8

将数据传递到后台之后，使用前文介绍的方法将数据存储到 MySQL 数据库中。